可怕的自然灾害

海啸

愤怒的海洋

HAIXIAO FENNUDEHAIYANG

大地摇晃、山脉喷火、海水咆哮、江水肆虐……
本套丛书用浅显易懂的语言介绍了十种自然灾害，向青少年朋友
们解释了导致这些自然灾害发生的原因，以及人类应如何应对这
些可怕的自然灾害。

黄勇◎主编

U0231609

广西美术出版社

图书在版编目（CIP）数据

海啸：愤怒的海洋/黄勇主编. —南宁：广西美术出版社，
2014.1（2019.5重印）
（可怕的自然灾害）
ISBN 978-7-5494-1110-8

Ⅰ.①海… Ⅱ.①黄… Ⅲ.①海啸－灾害防治－青年
读物②海啸－灾害防治－少年读物 Ⅳ.①P731.25-49

中国版本图书馆CIP数据核字(2014)第009035号

可怕的自然灾害

海啸：愤怒的海洋
Haixiao：Fennu De Haiyang

策划编辑：陈先卓
责任编辑：吴谦诚
排版制作：姚维青
责任校对：梁远伦 张 芹
出 版 人：蓝小星
终 审：黄宗湖
出版发行：广西美术出版社
地 址：南宁市望园路9号
邮 编：530022
网 址：www.gxfinearts.com
印 刷：北京潮河印刷有限公司
印 次：2019年5月第1版第3次印刷
开 本：1/16
印 张：10
书 号：ISBN 978-7-5494-1110-8/P · 28
定 价：23.80元

目录 CONTENTS

第一章
海啸概述

第二章
海啸的预警机制

第三章
透过海啸看军事

第四章
2004年印度洋海啸剖析

第五章
世界海啸大灾难

第一章

海啸概述

HAIXIAO GAISHU

海啸的  定义

海啸是一种海洋灾害，由一系列波浪组成，但与一般海浪不同。我们通常所说的海浪只在海表面附近起伏，涉及的深度不大，浪高会随着水的深度的增加衰减很快。而海啸是海水从海底到海表的整体波动，具有周期超长、波长和波高超大的特点，通常由水下地震、海底滑坡或海底塌陷、火山喷发、岩石坠海、气象风暴、水下核爆炸和行星撞击地球等引起。

发生海啸时，从海底到海面的整个水层都会发生剧烈"抖动"，即整个水体的波动。其"抖动"周期为2～200分钟，最常见的是2～40分钟。海啸传播速度很快，且随海区深度的增大而增大，在4000米水深的大洋中，速度可达713千米/小时。两个相邻的浪头之间的距离可长达500～650千米，能传播几千千米而能量损失很小。海啸波高在大洋中较小，约1米左右，常被风浪

碧蓝的天空，吸引着世界各地的人们来此度假。他们不分肤色，不分宗教信仰，不分老幼，不分情侣和朋友，不分独行者还是携老带幼享受天伦之乐的家庭，都是来此领略南亚海滨的风光，沐浴和煦的阳光，聆听大海的声音。基督徒们和不同信仰的教徒们不是在教堂，而是在海滩以漫步、追逐和嬉戏

或涌浪覆盖，当传到海岸时，波长变短，波速降低，波高增大，可达10～15米，甚至20～30米，最高能达到70米。

从海啸的第一个浪头到达岸边到整个海啸结束，持续时间可长达几个小时。当较强的海啸波进入大陆架后，由于深度变浅，波高突然增大，掀起的狂涛骇浪形成"水墙"，携带着巨大的能量，能使重达数吨的岩石混杂着船只、废墟等向内陆前进数千米，甚至会沿着入海的河流逆流而上，沿途地势低洼的地区都将被淹没。

2004年12月，南亚印度洋沿岸的国家，宜人的气候，清澈的海水，

的独特方式互相祝愿着圣诞快乐。2004年12月26日，当人们还陶醉在圣诞节的欢乐之中、兴致勃勃地欣赏着大海的美妙时，一场突如其来的里氏8.7级（我国测定）大地震发生了，接着印度洋大海啸出现了，靠近震中的印度尼西亚村庄几分钟内便被海浪淹没。随后，海浪继续向四周快速传播，大约在地震发生1个小时后，海浪开始侵袭泰国南部。正如美联社记者拍摄到的泰国南部普吉岛度假村所见，海啸呼啸而来，人们争相逃命。两个半小时后，海浪已经疾行了1600千米，袭击了印度和斯里兰卡。马来西亚、马尔代夫、缅甸、孟加拉也受到了

冲击，海浪最后伸到了4500千米外的非洲国家索马里。

难道仁慈的上帝会在人们庆祝圣诞节的时候来惩罚他们吗？

不！这是绝不可能的。这不是上帝的意愿，这是大自然的力量，是地壳运动的结果，是印澳板块向欧亚板块冲撞而发生地震，进而引发的大海啸。

海啸是地球外动力、内动力甚至天体作用于海洋引起的快速向外传播的水中巨大的海浪。海啸的英文词"Tsunami"，来自日文，日本称为津浪，亦称作Harbor Wave，意为"海港中的波浪"。引发海啸的原因有以下几种：天体作用，如陨石坠落海洋所引起的巨浪；地球外动力作用，海岸或海底滑坡、崩塌，都会引发海水激荡而形成海啸；地球内动力作用，海底的地震和火山喷发也会引起海啸。而地震引起的海啸就更为多见，环太平洋的深海盆地都曾发生过地震引起的海啸，如日本、阿留申群岛、秘鲁、智利等。印度洋北边的深海盆地也是常发生地震海啸的场所，如2004年12月26日，苏门答腊西南海域班达亚齐南东部发生的8.7级地震所引发的大海啸，就是其中最典型的例证。

　　海啸是极具破坏力的巨浪，与平常所见到的海浪大不一样。海浪一般只在海面附近起伏，涉及的深度不大，波动的振幅随水深衰减很快。海啸是从海底到海面整个水体的波动，其中所含的能量惊人。海啸时掀起的狂涛骇浪，高度可达10多米至几十米不等，最后形成"水墙"。"水墙"能以每小时800千米的速度席卷沿岸地区，力量强大，足以把重达20吨的石块卷至离岸180米的陆地上，并在推进的过程中不断加速，在数千千米外的地方造成严重破坏。

　　海啸虽然破坏力惊人，但在深海中却不易被察觉，它只有在接近陆地及浅水时才发挥威力，激起比正常海浪高出10多倍的巨浪，对人类生命和财产造成严重威胁。而且，与海风翻起的正常海浪不同，海啸的波长、浪头间距离可长达500～650千米，相距1个小时。海底地震造成的海啸通常

最常见，其中又以发生在太平洋的海啸居多，因为太平洋位于板块活动非常活跃的地震带，全球超过一半的火山都集中在这里。太平洋深海形成的海啸推进速度约为800千米/小时。换句话说，如果洛杉矶发生地震，引发的海啸可于1小时后袭击东京，速度比飞机还要快。

海啸与 风暴潮、地震波

海啸与风暴潮、地震波引起海水波动都会形成大小不同的海浪，它们的波形、波长、振幅、波速和成因是不同的。

波形、波长不同 ✈✈✈

地震波是弹性波，在水中只传播疏密波，即纵波（P波），质点上下往复运动与传播方向一致，其波长小于75米。而风暴潮、海啸波是重力波。也就是以重力为恢复力所产生的波，风暴潮波长100米，海啸波长10～100千米，且随海水深度不同而变化。水深达到7000米时，海啸波长为282千米；水深为10米时，波长达10千米。不同的海水深度，对应着不同的波长，海水越深，波长越长。

周期不同 ✈✈✈

地震波在水中传播疏密波为短周期，小于0.1秒；而风暴潮周期为6～10秒，是一种短周期的重力波。海啸波的周期为200～2000秒，是一种长周期的重力波。

振幅不同 ✈✈✈

地震波振幅大小与震级、距离有关，约数厘米。海底发生大地震时，近震中海面船只感到震荡。风暴潮在海面振幅大，高达数米，船只感到摇晃，随深度衰减很快，海面以下100米，衰减殆尽；海啸波振幅较小，比海浪小，浪高通常是几十厘米至1米，比风暴潮（浪高通常是7～8米）小得多。例如，杰森1号测高卫星在印度尼西亚苏门答腊-安达曼8.7级特大地震之后2小时5分钟巧遇印度洋大海啸，记录到该海啸周期长达37分钟，而"双振幅"（波峰至波谷的幅度）仅约1.2米。在海面行驶船只感觉不到海啸发生，海啸

海啸
——愤怒的海洋

波传播到大陆架近岸，振幅才陡然增大，可达数米或数十米，形成陡立的"水墙"，冲击着沿岸的一切。

波速不同 ▼▼▼

地震波，在海水中只能传播P波，速度快，其波速为1500米/秒；海啸波速度次之，为200～250米/秒，也就是720～900千米/小时，相当于喷气式飞机的速度。海啸传播速度与海水深度有密切关系，随着海水加深，海啸速度迅速增大，海水深10千米，海啸传播速度为36千米/小时，当海水深到7000米，海啸传播速度达到943千米/小时。风暴潮速度最小，为13～17米/秒。

成因不同 ▼▼▼

地震是在海底一定深度内，因岩石受地应力作用，超出岩石的破裂强度而产生剪切破裂或断层的突然错动，进而引起海水的震动，只是水颗粒简单地上下往复运动，水并没有朝着水波传播方向流动。风暴潮是因海面上刮风而引起，仅使海

水很浅深度内激起海水扰动。海啸是海中重力改变引起的重力波,故而激起整个从深海到浅海的海水扰动。原生的海啸分裂成为两个波,一个向深海传播,一个向附近的海岸传播。向海岸传播的海啸,受到岸边的海底地形等影响,在岸边与海底发生相互作用,速度减小,波浪增高,迅猛地冲击沿岸的一切,造成巨大的灾难。

知识链接

当海啸波浪到达海岸时,由于波浪与海底相摩擦,波速逐渐下降,但波高猛然增大。当海啸波冲击海岸时,它们可以淹没低洼地区,导致物质和生命的损失。海啸波有时被误认为海潮波,不过海潮波只是海水的周期性运动,随着太阳和月亮的引力发生升降变化;而海啸与气候和潮汐没有关系。

海啸的 分类

1.按形成原因分类 ▼▼▼

海啸按照形成原因可分为地震海啸、气象海啸、火山海啸、滑坡海啸、核爆海啸等。

（1）地震海啸

由于地震引发的海啸，称为地震海啸。2004年12月26日发生在印度洋的海啸就是地震海啸。海底发生地震时，海底地形急剧升降变动引起海水强烈扰动，引发海啸。其机制有两种形式："下降型"海啸和"隆起型"海啸。

"下降型"海啸。某些构造地震引起海底地壳大范围的急剧下降，海水首先向突然错动下陷的空间涌去，并在其上方出现海水大规模积聚。当涌进的海水在海底遇到阻力后，即返回海面产生压缩波，形成长波大浪，并向四周传播与扩散，这种下降型的海底地壳运动形成的海啸在海岸首先表现为异常的退潮现象。1960年5月22日发生在智利的地震海啸以及2004年12月26日发生在印度洋的大海啸，都属于这种类型。

"隆起型"海啸。某些构造地震引起海底地壳大范围的

急剧上升，海水也随着隆起区一起抬升，并在隆起区域上方出现大规模的海水积聚。在重力作用下，海水必须保持一个等势面以达到相对平衡，于是海水从波源区向四周扩散，形成汹涌巨浪。这种隆起型的海底地壳运动形成的海啸波在海岸首先表现为异常的涨潮现象。1983年5月26日，日本海7.7级地震引起的海啸就属于此种类型。

（2）气象海啸

由气象风暴因素引发的海啸，称为气象海啸。这种海啸是由大气压急剧变化所引起的。通常在强大的天气系统（包括热带气旋、温带气旋、冷锋等）经过海面时，大气压每降低1百帕，相应的海平面就

要上升13毫米。在系统中心会出现洋面狂涨现象。随着天气系统的移动，上升的海面急剧回落，引起猛烈的海啸。

气象海啸比地震海啸在量级、范围、灾害程度上要小得多。气象海啸与地震海啸在波形上也有着明显的不同。气象海啸一般只有1至2个峰值，波高不是骤然增大，而是有一个渐次上升的过程。地震海啸却有多个峰值，且连续排列几个大波，其中尤以第二和第三个波峰为最大，静缓上升的情况极为少见，绝大多数是喧嚣汹涌地撞击海岸，在近岸处形成轩然大波。

（3）火山海啸

由火山爆发所引起的海啸称为

海啸

——愤怒的海洋

火山海啸。1883年，印尼喀拉喀托火山突然喷发，碎岩片、熔岩浆和火山灰向高空飞溅，滚滚的浓烟直冲数十千米的高空。不久，巨大的火山喷发物从天而降，坠落到巽他海峡，随之激起一个30多米高的巨浪，以音速涌向爪哇岛和苏门答腊岛。巨浪犹如发疯的野兽，张着血盆大口，片刻之间就吞噬了3万多人的生命。火山喷发物随高空气流飘移，造成印度洋和大西洋零星小海啸不断发生。

（4）滑坡海啸

由海底地滑引起的海啸，称为滑坡海啸。海底地滑产生的原因有两种：①海底大量不稳定泥浆和沙土聚集在大陆架和深海交汇处的斜坡上，产生滑移；②海底蕴藏的气体喷发导致浅层沉积海底坍塌，出现水下崩移。

（5）核爆海啸

由水下核爆炸引起的海啸，称为核爆海啸。1954年夏天，美国在比基尼岛上进行核试验。当核弹爆炸时，在距爆炸地点500米的海域骤然激起一个60米高的巨浪，该波浪传播1500米后，波高仍在15米以上，最后导致引起海啸。

另外，海岸的崩塌也会引起海啸。历史上，阿拉斯加利图亚冰川

上的一块巨大冰块塌陷坠海，激起50米高的海浪，引发海啸。

2.按发生的地理位置分类

海啸按发生的地理位置分类可分为远洋海啸和近海海啸。

（1）远洋海啸。横越大洋或从远洋传播来的海啸，称为远洋海啸。这种海啸生成后可在大洋中传播数千千米而能量衰减很少，因此使数千千米之外的沿海地区也遭到海啸灾害。例如，1960年在智利发生的8.7级特大地震引发的海啸，在智利沿岸波高达20.4米，海啸波横贯太平洋传到夏威夷希鲁时，波高尚超过11米，在日本沿岸波高仍有6.1米。

（2）近海海啸，也称为本地海啸或局地海啸。海啸生成源地与其造成的危害同出一地，所以海啸波到达沿岸的时间很短，有时只有几分钟或几十分钟，往往无法预警，危害严重。近海海啸发生前都有较强地震发生，全球很多伤亡惨重的海啸灾害，都是由近海海啸引起的。例如，1869年日本沿岸8.0级地震引发的特大海啸，淹死2.6万多人；1983年印度尼西亚的巽他海峡6.5级地震引发的大海啸，淹死3.6万人，克拉克托岛有1/3沉入海中。

海啸的 *传播*

1.海啸的传播速度 ❥❥❥

海啸的传播速度与它移行的水深成正比。在太平洋，一般它的传播速度为900千米/小时，在大西洋由于水深比太平洋浅，所以传播速度小一些。

海啸波在大洋中移行时，波长可达几十或数百千米，周期2～200分钟，最常见的是2～40分钟，波高仅为1米左右，所以在大洋中海啸不会造成灾害，甚至让人难以察觉。然

而当海啸波进入大陆架后，因深度急剧变浅，从海面到海底流速几乎一样的海啸波挟带着巨大能量直冲海岸或港湾，波高骤增，波幅可达20～30米，波峰倒卷，这种巨波可冲毁和卷去沿岸建筑和所有人畜。

2.海啸发生的概率 ❥❥❥

以海底地震和火山爆发两类海啸居多，但并不是每次海底地震和火山喷发都能激起海啸。

海底发生地震，同时海底还要产生剧烈的地形变动才会引起地震海啸。有些地震是能产生这种变动的，这时海水会因地形的突变而陡起陡落，激起一种特别长的大浪，当它推进到水浅的海域时，就会出现海啸。地震如果发生在水浅的海底，即使同时有剧烈的地形变化，也是难以产生海啸的。产生海啸的地震震源，多数在靠近深海沟的地方。

地震能否引起海啸与地震的强烈程度、海水深浅等因素有关。当震源深度大于80千米时，一般不会产生海啸；震源深度在50～80千米时，有可能产生较弱的海啸；当震源深度在40千米以内时，能不能引起海啸，引起多大的海啸，则还要看地震震级的大小。通常震级在6.5级以下时，一般不会产生海啸；震级在7级以下时，一般不会产生大的海啸，引起灾难性的海啸的震级一般接近于8级或8级以上。

海底火山喷发能否引起海啸与火山喷发的强度、火山喷发物的性质有关。当火山喷发不强烈，或者

海啸
——愤怒的海洋

喷发物为液态熔岩时，不会引起海啸；当火山喷发强烈、喷发物含有大量气体和岩石碎块时，则有可能引发海啸。海啸的强度还要看火山口离海面的距离，通常情况下，深海的火山喷发更容易引发海啸。

不同区域发生海啸的概率是不同的。太平洋沿岸发生海啸的概率最大，其次是大西洋、印度洋。

据统计，仅在太平洋地区，平均每18个月就会发生一次破坏性的海啸。平均每10年发生一次最大波高20米左右的地震海啸，平均每3年发生一次最大波高10米左右的地震海啸，平均每年发生一次最大波高5米左右的地震海啸，平均每年发生4次最大波高1米左右的地震海啸。

据统计，358年至今，约85%的地震海啸分布在太平洋中的岛弧—海沟地带，其他15%的地震海啸，主要分布在大西洋的加勒比海、印度洋的阿拉伯海以及地中海等地。

陨石坠落 引起海啸

地质学家们发现数百年前曾有一块大陨石落入南太平洋。在澳大利亚东部沿海的130米海上地区发现了杂乱的沉积岩，这可能是由海啸造成的。沉积物的年代可追溯到1500年，恰巧这时土著毛利人突然从新西兰的一些沿岸地区迁走，这也许就是海啸造成灾害的结果。在新西兰斯图加特岛的两个可能受到那次海啸影响的地区，沉积物分别高出海平面150、220米。至于那次海啸发生的原因，他们在新西兰西南海面下发现一个直径达20千米、深150米的与周围环境不一样的岩石坑。对从中取出的岩石坑物质样本进行鉴定，可以很明显地看出，这些岩石里含有一种被称为玻陨石的物质，是地外星体坠落的物证。当地土著毛利人中也流传着传说，称很久以前天空中曾经出现过一个火球。

还有一些最大的海啸也可能是天外来客造成的。彗星、小行星和陨星等降落地球时，有70％的机会要落进海洋中。科学家估计，地外物质所造成的海啸大约每1000万年才会有一次，大多数这种海啸规模有限，但有时也会引发大海啸，如一

海 啸
——愤怒的海洋

个直径300米的太空陨石能够造成浪高11米的海啸，淹没1千米的陆地。最近发现的一个海啸沉积物，对比得克萨斯和墨西哥的异常沉积解释为海啸沉积，但它是在一次大规模灭绝性灾变时由白垩系义古近系边界尤卡坦附近的巨大陨石撞击造成的。它是一个位于墨西哥尤卡坦半岛的撞击陨石坑，埋藏在地表之下。这个陨石坑的名称取自于陨石坑中心附近的城市希克苏鲁伯；希克苏鲁伯在玛雅中语意为"恶魔的尾巴"。根据雷达的探测，陨石坑整体略呈椭圆形，平均直径约有180千米，是地球表面较大型的撞击地形之一。

在20世纪70年代晚期，地质学家在尤卡坦半岛从事石油探勘工作时，发现过这个陨石坑地形。目前已在该地区发现冲击石英、重力异常、玻璃陨石等地质证据，可证明希克苏鲁伯隔石坑是由撞击事件造成。从岩石的同位素研究得知，希克苏鲁伯陨

石坑的年代约为6500万年前，时值白垩纪与古近纪交接时期。2010年3月5日，一个国际研究小组在《科学》杂志上发表研究报告，确认在6500万年前，一颗小行星撞击今天墨西哥境内的希克苏鲁伯地区是造成恐龙大灭绝的原因。海上撞击所造成的危害比陆上撞击的要大得多，大的陨石可以一直冲到海底，在海上造成巨大的海啸。据计算，尤卡坦希克苏鲁伯的陨石撞击造成了50～100米高的海啸，在内陆数千米处形成了堆积。

海底滑坡 引起海啸

海岸或海底滑坡和水下崩塌，引发海水激荡而形成海啸。大规模的沿海滑坡和水下崩塌有可能引发海啸并造成大量人员伤亡，如日本九州岛的云仙火山距离长崎东部大约25英里（约合40千米），1792年喷发后1个月，即5月21日，这个火山群的"老成员"Mayuyama火山斜坡倒塌，由此产生的塌方成为岛原市的噩梦。滑落的山体坠入海洋引发海啸，最大波高达50米以上，塌方和海啸共造成超过1.5万人丧命，是日本历史上最为严重的塌方灾难。在岛原市，我们仍可以看到塌方给这片土地造成的伤痕。又如1964年3月3日，美国阿拉斯加州安克雷奇市南部沿海地带的悬崖滑入太平洋海湾中引发海啸，巨浪高达70米，让100多人葬身海底。

海岸或海底滑坡和水下崩塌，这种现象可能是小规模的，或者幅度缓慢，但有时也会发生大规模水

海啸

——愤怒的海洋

下山体滑落，速度甚至可达每小时100千米。1998年，巴布亚新几内亚附近发生7.0级大地震，结果引发水下山崩，导致海啸的浪高达15米，一直入侵到内陆20千米，导致2100人丧生。那次海啸，原以为是地震直接引发的，后经过海底钻探与勘测，证实地震先引起巴布亚新几内亚海下发生滑坡，大约出现4千米的水下沉积物移动，故而造成灾难性的海啸，给人们留下深刻记忆。

科学家通过研究加州蒙特里杰克湾的三维地图后发现，该海湾水底下的部分山体已经出现断裂的迹象，很可能在不久的将来出现山体滑坡。一些科学家更暗示，美国东海岸的大陆架也有塌陷的可能性。

火山喷发 引起海啸

海底大规模火山喷发和海底火山口塌陷扰动水体，引发海啸；火山喷发耗尽内部的岩浆后导致崩溃，底部经过千百年的海水侵蚀后也可能出现山崩，然后也会引发海啸，但发生的概率较低。

（1）火山引起海啸实例及预测

①《圣经·旧约》中著名的《出埃及记》，讲述了摩西带领受奴役的犹太人逃出古埃及的故事。法老的军队追赶到红海边，危急时刻，海水分开，露出道路，犹太人平安穿越，追兵却被合拢的海水吞没。据英媒体报道，美国一部将播出的纪录片根据最新考古发现，力图"科学"解释《出埃及记》里记载的种种"奇迹"。纪录片表达的核心观点是：希腊桑托林群岛一次火山爆发引发一系列自然灾害，而正是这些自然灾害导致红海海水分开等"奇迹"发生。传说中海水分开又合拢，吞噬追兵的"奇迹"实际是火山爆发引发的海啸现象。而据历史考证，当时喷发的桑托林火山正好位于埃及以北约400英里（644千米）处。

纪录片官方网站说，火山喷发引起连续地震，很可能"破坏了整个尼罗河三角洲，造成部分土地脱离非洲大陆板块"，漂移到犹太人被追赶的海域，使得那里的地面突然升高。"换句话说，使海水分开"，网站说，"海水流向低处……露出高处的地面，犹太人可以从上面走过去。同时，海啸激起的滔天大浪只需要涌进内陆7英

海啸
——愤怒的海洋

里（11.2千米），就足以吞噬追兵。"

②克里特岛是爱琴海上最大的岛屿，而3000多年前的克里特文明是古希腊文明的起点，尤以富丽堂皇、结构复杂的宫殿建筑闻名。然而，这样一个强大的文明最终却不明不白地消失了。人们对此存在多种猜测，有人认为它是被来自小亚细亚的蛮族摧毁，有人认为是与希腊城邦交战的结果，还有人认为可能是遭遇了大地震。丹麦奥胡斯大学教授瓦尔特·弗里德里希和他的同事根据从锡拉岛上发现的一段橄榄枝，验证了一个更有说服力的理论：克里特文明是毁于一次空前规模的火山喷发及其所引发的大海啸。克里特岛距离锡拉岛只有60英里（96千米），弗里德里希认为，大约3600多年前，锡拉岛上一座火山突然猛烈喷发，其喷出的烟柱上升到高空，数千吨火山

灰甚至随风飘散到格陵兰岛、中国和北美洲。火山喷发还引发了大海啸，高达12米的巨浪席卷了克里特岛，摧毁了沿海的港口和渔村。而且，火山灰长期飘浮在空中，形成一种类似核大战之后的"核冬天"效应，造成这一地区在以后的几年时间里农作物连续歉收。

克里特文明可能因此遭受了毁灭性打击，迅速走向衰亡。

科学家从遥远的格陵兰岛、黑海以及埃及都探测到这次火山喷发产生的灰尘。他们还从爱尔兰和加利福尼亚发掘出遭到这次爆发引起

霜冻破坏的植物化石。事实上，早在1967年，美国考古学家便在桑托林岛的60米厚的火山灰下，挖出一座古代商业城市。经考证，这座城市是在公元前1500年前后，火山大爆发时被火山灰所埋葬。那可能是人类历史上最猛烈的一次火山大爆发，喷出的火山灰渣占地面积广，达62.5平方千米，岛上

的城市几乎在一瞬间就被埋在厚厚的火山灰下，并波及地中海沿岸及岛屿。据记载，当时埃及的上空曾出现3天一片漆黑的情景。除此之外，火山爆发引起巨大海啸，浪头高达50米，滔天巨浪滚滚南下，摧毁了克里特岛上的城市、村庄，米诺斯王国也随之化为乌有。

③1883年8月27日由喀拉喀托火山爆发引起了印度尼西亚爪哇和苏门答腊海岸的海啸。在喀拉喀托火山爆发的时候，海啸跟着发生了，巨浪袭击海峡北侧，高达22米，停泊在离岸3300米的军舰贝鲁号被海浪往上推离当时的水平面，达到了9米的高度。爪哇有些地方巨浪高达35米。波浪自巽他海峡的南口向印度洋扩散，使锡兰岛的浪高达到了2～2.4米。及至澳大利亚的西岸，余波还未平息，仍有1.5～1.8米的高度。海啸巨浪以每小时350英里（560千米）的速度朝向大西洋北进，抵达法国沿岸。在北大西洋的英吉利海峡，波浪还留下了几厘米高的记录。于32.5小时内，波浪绕过了半个地球，沿途至少有50艘以上的船只毁于巨浪之下。死于这次火山喷发和海啸的人数达到了36400

人之多，财物的损失不可计数。

2007年11月8日早晨，印度尼西亚的克卢德火山（喀拉喀托火山之子）喷射出大量迅猛的热气、岩石和熔岩，当时一艘渔船正好停靠在巽他海峡的岸边。这次喷发的火山口位于山体的一侧，巨大的压力把大量的烟尘和石块抛上云霄，场面十分壮观。克卢德火山是著名的喀拉喀托火山的一部分，而喀拉喀托火山是世界上唯一一座从海中崛起的火山。这次喷发虽然壮观，但远比不上1883年的那次火山爆发的猛烈和所引发的海啸造成历史上最大的火山灾难。

（2）火山引起海啸方式

①崩塌与滑坡

海底大规模火山喷发和海底火山口塌陷扰动水体，可以引发海啸。如1883年8月27日，印尼巽他海峡喀拉喀托火山爆发，将岩浆喷到苏门答腊和爪哇之间的巽他海峡。在火山喷发到最高潮时，岩浆喷口突然坍塌，引发浪高35米的海啸。大多数火山喷发除了海底火山口塌陷扰动水体引发海啸，还可能因火山喷发膨胀使火山周围不稳定的滑坡体和崩塌体，继而滑坡和崩塌导致海啸的发生。

②冲击波

1980年3月18日，美国华盛顿州圣海伦斯火山喷发，卫星摄下珍贵照片。经过分析表明，火山爆发的冲击波穿过200千米厚的大气层，释放出相当于500多枚美国当年投掷广岛的原子弹的能量。炽热喷涌的岩浆使房屋、桥梁、公路、森林、人畜毁于一旦。2004年，该火山又爆发，如果这种类型的火山喷发发生在海底，将产生灾难性的海啸，但到目前为止，还尚未找到实例。

地震 引起海啸

研究地震与海啸的学者认为，地震海啸是因地震使海底地形发生隆起和下沉所引起的特大的海浪。地震海啸的形成，要具备3个条件：有深海盆地，可以容纳巨量海水；海底地形隆起与凹陷反差强烈；存在倾滑型活断层，可发生6.5级以上倾滑型的地震，瞬间改变海底地形，使隆起与凹陷落差陡然增大，迅即引起海水大量涌入而产生扰动。

地震海啸多集中分布在两板块之间的俯冲带，也就是下降岩石圈板块向下俯冲与另一相邻板块相接触的地段，且成逆冲断层错动，因而使海沟海盆上下运动，促使海水激烈扰动而产生海啸。近200多年来，全世界共发生了13次灾难性的海啸。

水下核爆 引起海啸

水下核爆炸是指核弹在水中一定深度的爆炸，主要用于杀伤破坏潜艇、水下的各种设施，并在一定的水域造成放射性污染。核爆炸火球的光辐射能量大部分被水吸收，在近距离上，可以看到明亮的发光区，并且迅速冷却、膨胀，犹如一个急剧生长的大气泡，并产生水中冲击波。当气泡上升冲出水面时，即形成一股浪花翻腾的空心水柱，其直径可达数米，高度可达几千米。气泡内的气体可以从水柱中心直冲云霄，形成菜花状的蘑菇云团。喷出的气体，温度远高于周围的空气，进入空中之后一部分聚成冷凝云。水下爆炸可以产生巨大的波浪，如1枚10万吨级的核弹在25米深水下爆炸，距爆心1千米处，波浪可高达10米，并且在水面靠近水柱基部，形成一团环形具有很高放射

性沾染的云雾。随着水的回落，雾迅速向周围扩散，并向下风方向漂移，也有可能会随放射性雨降落下来。

水中爆炸和水面爆炸都可以形成水中冲击波，这是水中核爆炸的主要杀伤破坏因素。由于核武器爆炸能量中的50%转化为冲击波，因此水中冲击波的能量

非常大。其传播速度高于水中的音速，大约1.5千米/秒。"二战"结束不久，1946年7月25日，美国就在北太平洋上比基尼群岛附近平静的太平洋海面上引爆了一枚原子弹。这是历史上由美国军方实施的第一次水下核爆炸，被曼哈顿工程的工程师们称为"比基尼·海伦"的这枚原子弹爆炸的威力相当惊人，炸沉11艘巨型军舰并炸伤6艘。这支旧舰队是供试验用的，停在爆炸区内。与此同时，在欧洲和美国的海滩上，妇女们穿起了新的两件一套式游泳衣，这种游泳衣也取名为"比基尼"。美国在比基尼岛持续了长

达20多年的核试验，著名的一次是在1965年夏天，核爆炸引起海中喷涌出山一般的水柱，在距爆炸中心500米的海域内，直接引发了海啸，巨浪高达60多米，离爆炸中心1500米的海浪也在15米以上。正在附近海面上的不少舰船被巨浪掀翻。海啸引起的5米高的海浪一直波及数百千米以外，一些小渔船几乎全部倾覆。当时美国科学家就预言，水下核爆炸可在远距离上冲垮敌海岸设施，并造成舰毁人亡。

在美国和俄罗斯的核武器库中都曾装备有多种水下核武器。"二战"后，美苏两国对德国潜艇的狼

群战术造成的巨大威胁记忆犹新，因此两国都不约而同地想到利用水下核爆炸大面积摧毁潜艇群。美国在20世纪50年代就开始研究对付潜艇群的深水核炸弹。1954年7月，一种被称为"贝蒂"的编号MK7的核弹头开始服役，共生产了225枚。以后又陆续研制了W34、W66弹头，用于装配MK45鱼雷和反潜火箭等水下核武器。为了研制这些核武器，美国在深海中进行过多次核武器试验。从美苏水下核试验情况来看，这些武器在打击水下目标的同时，也难以避免地会造成海啸，特别是多枚深水核弹的使用可能造成大范围的海啸。

知识链接

通常人们把海啸看成是地震引起的海浪，这是因为地震引起的海啸是最为常见的。地震海啸是海啸的主要成因或主要类型。此外，海底或海边的火山喷发和滑坡也可能引发海啸。海洋上的气候急剧变化也可能造成海浪怒涌，袭击陆地，有人称之为"海啸"，但实际上是风暴潮。

海啸的 危害

2004年12月26日，印度洋大海啸中的遇难人数达到29万余人，让人类再次感到海啸的巨大危害和恐怖。

人们发现，虽然海啸在遥远的海面只有数厘米至数米高，但由于海面隆起的范围大，有时海啸的宽幅达数百千米，这种巨大的"水块"产生的破坏力非常巨大，严重危害岸上的建筑物和人的生命。从有关数据来看，海啸高达2米，木制房屋会瞬间遭到破坏；海啸高达20米以上，钢筋水泥建筑物也难以招架。

这里主要谈及两种不同类型海啸所造成的危害。

1. 地震海啸

地震发生的地方海水越深，海啸速度越快。海水越深，因海底变动、涌动的水量越多，因而形成海啸之后在海面移动的速度也越快。如果发生地震的地方水深为5000米，海啸和喷气飞机速度差不多，每小时可达800千米，移动到水深10米的地方，时速放慢，变为40千米。由于前浪减速，后浪推过来发生重叠，因此海啸到岸边波浪升高，如果沿岸海底地形呈V字型，海啸掀起的海浪会更高。

地震海啸传到海岸时，波浪极高，流速很大，从海

面到海底几乎是一致的，能骤然形成"水墙"，猛烈冲击岸边。若波谷最先到达，则水位骤落，有时能裸露出多年未见的海底，接着在十几分钟内又猛涨，升高达几十米，汹涌向岸上袭来，并伴有巨大响声，溅出的水沫可达50米以上。海啸可使堤岸决口，舰艇船舶沉没，港口建筑物和沿海居民点毁坏，造

成屋毁人亡的巨大损失。

以下列出一些观音湖地震海啸造成危害的例子。1755年11月1日，葡萄牙的首都里斯本发生地震，海水是先退后进，浪头比原来的海面高出15米以上，造成3万人死亡。滚滚浪涛传到了非洲的丹吉尔，使那里的海水突然起落了18次；传到了加勒比海的马提尼克岛，使那里的潮水比正常的时候高出5米多，码头严重受损；爱尔兰南部的城市金塞尔，也受到它的袭击，一股海水灌进了那里的市场。

1896年日本三陆地震发生后20～30分钟引起海啸，激起20多米高的巨浪，卷倒房屋1.4万多幢，损失船舶3万余艘，死亡2.7万余人。

1918年2月13日，在我国广东潮州、汕头一带发生过一次奇怪的水灾，那些淹没田园的洪水，既不是暴雨从天而降，也不是河水泛滥成灾，而是从海里倒灌上来的。不少人以为，这是风把海水刮到岸上来了，其实不是，这是由地震引起的。那次水灾发生的海边，正好发生了强烈的地震。

1923年9月1日，日本东京横滨附

近的海底发生大地震，震动激起的巨浪冲到岸上，在它退回海中的时候，把868所房屋卷走了，在海上还有8000艘船舶被浪涛所吞没。

1960年5月下旬，日本受到海啸的袭击，10多万人无家可归，可是这里并没有发生地震。原来是远在10000多千米以外的智利发生了地震，这次地震引起的海啸竟波及了日本！5月23日智利发生的地震海啸，沿海500千米内平均波高为10米，最大波高为25米，海啸以707千米/时的速度，于14小时56分传到夏威夷群岛，波高9米，使夏威夷希

洛湾内护岸砌壁上约10吨重的巨大玄武岩块翻转，抛到100米以外，希洛湾附近的横跨怀卢库河上的钢质铁路桥也被海啸推离桥墩200多米。21小时后传到日本沿岸，波高为6.1米，中国吴淞口外中浚验潮站记录到波高为15～25厘米，周期为45～60秒。

1983年5月27日中午，日本东北地区发生7.7级大地震，震中在秋田海面，距南鹿半岛160千米，震源在海面下40千米处。地震发生7分钟后即引起第一次海啸，传播速度为500千米/时，之后间隔10分钟又出现第

二次和第三次海啸。死伤者179人，毁房1300多幢，沉船700多艘。

2. 气象海啸

气象海啸，多因强风暴潮引起。

据查，我国上海地区于1696年发生过一次特大风暴潮灾，即气象海啸。按古书《松郡志》记载："康熙三十五年六月初一日，大风暴雨如注，时方状亢旱，顷刻沟渠皆溢，欢呼载道。二更余，呼海啸，飓风皆大作，潮挟风威，声势汹涌，冲入沿海一带地方几数百里。宝山纵亘六里，横亘十八里，水面高于城丈许，嘉定、崇明及吴淞、川沙、拓林八、九团等处，漂没千丈，灶户一万八千户，淹死者共十万余人。黑夜惊涛猝至，成人不服相顾，奔窜无路，至天明水退，而积尸如山，残不忍言。"

所以，我们应该关注海啸、研究海啸，以减少海啸造成的各种损失，保障舰船航行和沿海地区人民生命财产的安全。

知识链接

海啸的能量大小与引发的原因密切相关。地震海啸的能量取决于地震的大小。一般来说，海啸的能量是地震能量的十分之一。以2004年12月26日印度洋的地震海啸为例，地震震级为9级（美国地震台网测定的体波震级），据美国地质调查局网站资料，这次地震瞬间释放的能量相当于在那里投下了23000颗1945年在日本广岛爆炸的原子弹。

太平洋 海啸多发区

环太平洋地震带被认为是海啸的最多发生地。这条分布于濒临太平洋的大陆边缘与岛屿的地震带，集中了世界上80%的地震，包括大量的浅源地震、90%的中源地震、几乎所有深源地震和全球大部分的特大地震。

在太平洋中，平均每10年发生一次4级（最大波高20米左右）地震海啸，平均每3年发生一次3级（最大波高10米左右）地震海啸，平均每年发生一次2级（最大波高5米左右）地震海啸，平均每年发生4次零级（最大波高1米左右）地震海啸。

（1）大海啸的发源地

堪察加—千岛群岛：该地区是若

海 啸
——愤怒的海洋

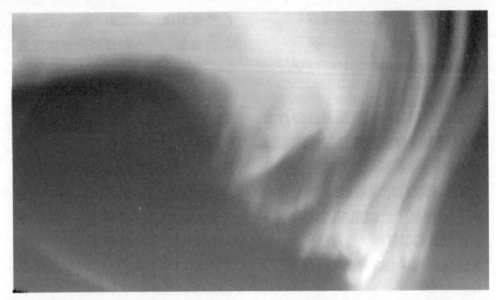

千次横贯太平洋大海啸的发源地。至少发生过9次破坏性海啸，由于人烟稀少，损失很少。

（2）最大海啸产生地

阿拉斯加：至少发生过11次灾害性海啸，世界最大的海啸多产生于此，然后传至加拿大、北美大陆、夏威夷和日本等地。

哥伦比亚—厄瓜多尔北部及智利区域：曾有19次破坏性海啸，仅智利就死亡2.6万人。特别是1960年5月22日发生在智利的特大海啸，是近代海啸史上最具破坏力、损失最严重的一次海啸，海啸波使2000人丧生，经济损失55亿美元。引起的海啸波横贯太平洋，造成夏威夷、日本以及太平洋沿岸诸国的不同程度的损失。

（3）近海海啸受灾严重区域

新西兰、澳大利亚和南太平洋地区：这一地区由于一系列深海沟、岛屿群和浅滩对太平洋海啸的阻挡，使其免受重大损失。但当地海底地震引起的近海海啸也构成相当的威胁。1948年3月26日新西兰吉思伯恩附近的地震曾引起10米高的大海啸，造成了巨大损失。

（4）受灾最多的区域

日本：这一地区不但海啸死亡总人数最多，而且是破坏性海啸最频繁的区域，684年至今，大约发生了62次损失严重的海啸，夺去了6.6万人的生命。

（5）火山海啸区域

印度尼西亚：共发生30次破坏性海啸，有5万人丧生。这里绝大多数海啸都是由火山活动直接造成或伴生而来。

（6）其他

夏威夷：美国夏威夷群岛位于太平洋中部，受到太平洋各地海啸的影响，据统计海啸灾害共造成该地区约1亿美金的损失和380人丧生。

新几内亚—所罗门群岛：近100年来共记录到65次海啸，其中15次海啸波高超过4米，最高达12米。1960年智利大海啸传到该地仍有2米的波高。

菲律宾群岛：曾记录到7次破坏性海啸，最近的一次发生于1976年8月16日，海啸波高4～5米，使5000～8000人丧生。

美国西海岸及中美洲：共记录到9次破坏性海啸，都是从别处传来，但由于这一带沿海经济发达，人口密集，损失也较大。

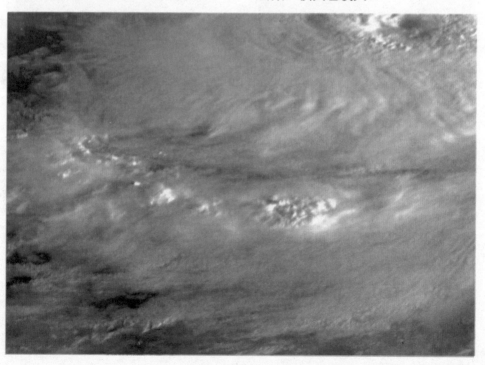

大西洋 海啸情况

大西洋的海啸发生频率远低于太平洋，这是由于大西洋海底构造运动远不如太平洋海底强烈。但是，欧洲挪威和地中海海域也不时发生海底地震，过去400年间共发生过上百起大大小小的地震。最严重的一次是1999年，地震引起的海啸掀起约17米高的海浪，危及到了土耳其的伊斯坦布尔东部地区。

大约7500年以前，一块相当于冰岛国土面积的不稳定海底滑行800千米，来到挪威西北部海岸。这次海底地滑被认为是世界历史上最大规模的地质运动之一。

这次海底地滑引发海啸，产生了10米至20米高的海浪，不仅袭击了

挪威海岸，而且波及苏格兰东部沿岸。

1755年11月1日，大西洋底的地震持续了约一个小时，海啸掀起约15米高的海浪进入Tejo河口，造成3万人死亡。为此，地质学家认为，地中海东部为一危险区域。

1905年1月15日，40米高的浪潮夺去了挪威卑尔根地区的61条生命。该浪潮源自一个10千米长、2千米宽的内陆湖，也是因为水下地震引起的。地震将一块长100米、宽50米、厚10米，重量超过80万吨的巨石举起，其坠落后垂直插入地面约500米深。大水一直冲到距岸边250米，水位高出海平面30米才开始回落，在这数十秒钟的时间里，即使当时有预警系统也帮不了任何忙。

1929年11月，加拿大东部纽芬兰岛附近海域发生里氏7.2级地震并引发巨浪，造成27人丧生。

由以上记载来看，并不能忽视大西洋发生海啸的可能性。

印度洋 海啸情况

印度洋海啸发生的频率远低于太平洋和大西洋，但是也有大海啸的记载。

1883年，巽他海峡中的喀拉喀托火山爆发造成的海啸，死亡36140人。巨浪高达35米，波长524千米，横扫印度洋，绕过好望角，传到英国和法国沿岸。

2004年12月26日，印尼苏门答腊岛8～9级地震引发巨大海啸，29万余人遇难。最大浪高34米，波及整个印度洋沿岸。

历史 强震与海啸

（1）历史上最为有名的海底地震海啸，首推公元前1450年间发生在地中海希腊东南的西雷岛上的海啸，那次由于海底地震造成火山爆发，竟将整个岛屿抛向高空，随后轰然巨响着坠入深深的海底。这次巨大的海啸，使西雷岛上的米若阿文化毁于一旦。而在1700年1月26日，美洲西海岸的那次里氏9级的大地震造成的海啸，则将当地的村庄全部吞没。海水退去后，人们在森林里竟然发现了一条搁浅的鲸鱼！这样的故事还曾经被当作是土著人的神话传说。

（2）1896年6月15日晚发生在日本三陆的海啸，其最大的波冲上附近的陆地，波高达25到30米，将不少村庄整个吞没。死亡27000人以上，破坏房屋10000间。

（3）1908年12月28日，意大利墨西拿地震引发海啸，震级7.5级，在近海掀起浪高12米的巨大海啸。地震发生在当天凌晨5点，海啸中死难82000人，这是欧洲有史以来死亡人数最多的一次灾难性地震，也是

20世纪死亡人数最多的一次地震海啸。

（4）1933年3月2日，日本三陆近海地震引发海啸，震级8.9级，是历史上震级最强的一次地震，引发海啸浪高29米，死亡人数3000人。

（5）1959年10月30日，墨西哥海啸引发山体滑坡，死亡人数5000人。

（6）世界上最有名的海啸是1960年5月22日，智利8.9级地震引起的。这次海啸在智利最大浪高可达25米。首都圣地亚哥到蒙特港沿岸城镇港口的仓库码头、民房建筑被卷走、摧毁无数。海啸使智利一座城市中的一半建筑物成为瓦砾，沿岸100多座防波堤坝被冲毁，2000余艘船只被毁，损失5.5亿美元，造成10000人丧生。此外，海浪还以600～700千米/小时的速度，向西横扫太平洋，袭击了夏威夷群岛。当到达远离17000千米的日本海岸时，浪高最大6.1米，使1000多所住宅被冲走，20000多顷良田受水淹，一些巨大的船只被海浪推上陆地40～50米远，压倒了居民房屋。这次海啸造成全日本800多人死亡，15万人无家可归。

（7）1976年8月16日，菲律宾莫罗湾海啸，造成8000人死亡。

（8）1998年7月17号，非洲巴布亚新几内亚海底地震引发的49米巨浪海啸，致使2200人死亡，数千人无家可归。

（9）2004年12月26日，印度尼西亚苏门答腊岛发生地震引发大规模海啸，震级达到里氏8.9级，到2005年2月4日为止的统计数据显示，有29万余人在地震和海啸中遇难，这可能是世界近200多年来死伤最惨重的海啸灾难。

历史 海啸袭击

（1）1988年12月，孟加拉国东南沿海遭受强飓风和海啸袭击，至少有1.5万只梅花鹿、22000头野猪、狒狒和猴子以及9只珍贵的孟加拉虎在森林中丧生。

（2）1991年4月29日，孟加拉国沿海地区遭受强台风袭击以后，伴随而来的暴雨和海啸使全国64个县中的16个县沦为灾区，受灾居民达1000万人，死亡人数13.8万人，经济损失达30亿美元。

（3）1992年9月1日，尼加拉瓜发生里氏7级地震，地震引起的海啸破坏了尼加拉瓜西南200千米的太平洋沿岸地区的生产和生活设施，造成268人死亡，153人失踪，800多间房屋倒塌。

（4）1992年12月，印度尼西亚东部弗洛勒斯岛发生里氏7级地震，引发大海啸，夺取了2500人的生

海啸
——愤怒的海洋

命。

　　（5）1993年7月12日，日本北海道西南附近海域发生里氏7.8级地震。地震引发了海啸，最大浪高达30.5米。地震和海啸给当地造成146人死亡，117人失踪。

　　（6）1994年6月3日，印度尼西亚东爪哇马朗县以南225千米的印度

洋洋底发生里氏5.9级地震后引发海啸，造成128人死亡。6月4日，印尼西努沙登加拉首府马塔兰再次发生里氏6级地震并引发海啸，造成172人死亡，另有47人失踪，600多所房屋和250多条船被毁。

　　（7）1994年11月25日，菲律宾北部的东民都洛省发生里氏6.7级地震。地震引起海啸，至少有33人死亡，70人受伤。

　　（8）1996年2月17日，印尼东部的伊里安查亚省发生里氏7级的地震并引发海啸，其中受灾最严重的是比亚克县。海啸摧毁了该县北部格勒姆胡市大量建筑物。

　　（9）1998年7月17日，南太平洋岛国巴布亚新几内亚发生里氏7级地震并引发海啸，造成1000余人死亡，2000余人失踪，6000多人无家可归。

　　（10）1999年11月27日，南太平洋岛国瓦努阿图发生里氏7.1级地震并引发海啸，造成6人死亡。

　　（11）2004年12月26日，印度尼西亚苏门答腊岛附近海域发生里氏8.9级地震，引发的海啸波及八个亚洲国家和三个非洲国家。

我国 海啸状况

我国地处浩瀚太平洋的西部，海区辽阔，海岸线曲折绵长。我国海区海水一般较浅，渤海平均深度18米，黄海平均深度44米，东海平均深度370米，南海平均深度1200多米。我国海区大多是浅水大陆架地带，平缓宽阔，在我国辽阔的近海海域内，分布着大小数千个岛屿礁滩。这些岛屿构成了一个环绕大陆的弧形圈，形成一道海上屏障；在我国近海外侧又有日本九州、琉球群岛，以及菲律宾诸岛拱卫，又构成另一道天然的防波堤，抵御着外海海啸波的猛烈冲击，不利于地震海啸波

的传播。1960年智利大海啸，对菲律宾乃至日本都造成了灾害，但传到我国东海的吴淞一带，浪高仅15～20厘米，没有形成灾害。

渤海、黄海一般不会产生地震海啸，大洋海啸对其沿岸也没有影响。但东海、南海，特别是台湾岛附近海域具备产生海啸的条件，是产生地震海啸的危险地段。这两个海区海水相对较深，海底摩擦力较小，发生在菲律宾海、琉球海沟的地震海啸可能传播过来，其沿岸是大洋地震海啸可能影响的地区。

我国海区一般没有现今仍活动的板块俯冲带和海沟构造，近代垂直差异运动表现不强烈，已发生的地震震源断层多为走滑型，所以大多数地区发生地震海啸的可能性不大。但1605年7月13日，海南岛琼山7.5级地震，引起了近海的70多个村庄沉陷，表现出垂直升降运动。1867年12月18日，发生在台湾基隆北海中的6级地震引起了海啸，说明从台湾岛到海南岛一线的海区，存在发生地震海啸的可能性。

我国近海产生 海啸的条件

地震海啸的形成是有它特定的地质环境的。按传统的观点，地震使海底地形产生突然垂直位移，引起海水上下扰动而引发海啸。故海啸形成在深海中，至少要大于200米的深度，震源深度小于50千米，震级在6.5级以上，地震类型是倾滑型地震。根据相应的研究，地震海啸的形成是海底的滑坡体和崩塌体，在地震的触发下产生突然滑动和崩塌，引起海水的扰动而形成海啸。因此，必须具备较陡的海底地形，其滑坡体和崩塌体处在不稳定的状态。只要发生地震，不论震级多大，也不论地震类型，只要滑坡体和崩塌体足够大，滑坡较快较远，就可产生足够大的海啸。相反，如果海底不存在滑坡体和崩塌体，即使再

大的地震也不能引发海啸。像日本东侧地处太平洋板块向欧亚板块俯冲，发育深海沟，海底地形陡峭，存在大量滑坡体和崩塌体，有强烈地震活动的贝尼奥夫带，因此是海啸多发区。可是，我国东部渤海、黄海、东海及南海大面积海域都位于缓坡的大陆架，不易产生滑坡及

海啸
——愤怒的海洋

崩塌。其虽有一些6～7级的地震活动，多半都是走滑型地震，很少引起地壳垂直位移，引发海啸的可能性很小。

1.我国近海大陆架海水浅，坡度缓

我国东部海域范围很广，面积很大。自北向南有渤海、黄海、东海和南海。沿岸和滨海、近海都是大陆架，海水很浅，坡度很缓。大陆架是大陆向水下直接延续部分且覆盖有现代海洋沉积的环绕大陆的浅水海底平原。

（1）渤海为东北—西南向的浅海。海底地势从3个海湾向渤海中央及渤海海峡倾斜，坡度平缓，平均坡度只有0′28″。沿岸区水深都在10米以内，辽河口、海河口附近水深约5米，黄河口最浅处水深不过0.5米。渤海平均水深18米，最大深度在渤海海峡老铁山水道附近，约80米。

（2）黄海为近似南北向的半封闭浅海。海底地势由北、东、西三面向黄海中央及东南方向倾斜。浅处苏北海岸是一片广阔的滩涂、浅水地带，水深不足20米，最深处在济州岛北侧，水深103米。黄海平均水深44米，其中北黄海平均水深38米，南黄海平均水深46米。但黄海坡度不大，地势比较平坦。深度由东南向北逐渐变浅，如同一个口朝南的簸箕。它有一个明显的由东南向北的低槽——黄海槽，海槽水深60～80米，济州岛以南开始沿黄海中部向西北伸延，分别进入北黄海、青岛外海和海州湾。

（3）东海海底地势西北高、东南低，依海底地形趋势可分为两个区域：西部大陆架浅水区和东部冲绳海槽深水区。大陆架特别发育，最大宽度达640千米，是世界上较宽阔的陆架之一。大陆架面积约占整个海区的66%，北宽南窄。海底地势向东南缓倾，平均坡度1′17″，平均水深72米，大部分海域水深60～140米。陆架外缘在水深120～140米处。东海大陆架又可以50～60米水深分为东、西两部分：西部岛屿众多，水下地形复杂，坡度稍陡；东部开阔平缓，只在其东南边缘处有些水下高地，中国钓鱼岛等岛屿便位于其上。东海大陆架上延展着长江的沉溺河谷，它从长江口向东南方向延伸，穿过大陆坡，进入冲绳海槽。

沿东海大陆架外缘分布的大陆坡呈东北—西南向延伸，向东南方向成弧带状，约占东海总面积的33%，地形陡峻，坡度为3°～10°。陆坡主体为冲绳海槽，是一个深水槽，形似新月，向东南方向凸出。海槽南深北浅：北部水深600～800米，坡度较小；南部水深2000～2500米，坡度也大，最大深度2717米。海槽在剖面上呈"U"字形，谷底平缓，两侧斜坡陡峭，西坡约3°，东坡可达10°。冲绳海槽以东，为露出海面的琉球群岛、九州及各岛屿在水下的岛架。岛架宽度狭窄，九州处为55.6～92.6千米，琉球群岛附近为3.7～222.2千米。岛架地形复杂，沙滩、岩滩众多。琉球群岛是西太平洋边缘岛弧的一部分，为东海与太平洋的天然界线。

（4）南海是一个被亚洲大陆和一系列岛弧所围绕的半封闭的边缘海。南海海底地形复杂，主要以大陆架、大陆坡和中央海盆三个部分呈环状分布。南海外廓形态像一个北东拉长的菱形，长3140千米，北西宽1250千米，面积350平方千米，水深平均1140米，最深为5377米，位于马尼拉海沟南端。海底地势东北高、西南低。大陆架沿大陆边缘和岛弧分别以不同的坡度倾向海盆中，其中北部和南部面积最广。在中央海盆和周围大陆架之间是陡峭的大陆坡，分为东、南、西、北4个区。南海海盆在长期的地壳变化过程中造成深海海盆，南海诸岛就是在海盆隆起的台阶上形成的。

南海大陆架南北陆架较宽，东西陆架较窄。水深0～150米，其地势由陆缘四周向中央海盆倾斜，坡度较缓，为1′～7′，与我国东南沿海含粤、桂、琼三省（区）的地震活动有关联的大陆架为北部大陆架。

其东起南澳岛，西至北部湾，形态呈北东东向宽带状展布，其地形是沿岸陆地地形的延续，水下等深线50～150米，与东南沿海海岸线方向大体一致，面积约为402000平方千米。

北部大陆架在东西拓展上，两端坡度较大而中间较为宽缓，其宽度一般为200～220千米，最大宽度为278千米，出现在珠江口外。据中国科学院南海海洋研究所调查，在滨海带和大陆架外缘处（处于内陆架及陆架外缘位置），地形坡度很缓，分别为2′～3′和5′～7′，两者之间的宽达180千米，海底平均坡度只有1′30″，水深0～150米。其中尤以60～100米的深度带所占面积最广，该带处于中陆架至外陆

架中部位置，是北部大陆架最平坦的地段。水下形成了5级阶地，其相应水深为15～20米、30～45米、50～70米、80～95米和110～120米，陆架外缘水深为110～150米。

根据产生海啸的研究和统计结果，海啸产生在海水深于200米，海底地形为狭长的海盆中。而我国东部近海大陆架海水深不及150米，海底地形又非常平缓，坡度小于1°，像海底平原。这样一种地形条件和较浅的海水深度是不可能产生地震海啸的。

2. 我国沿海未遭受海啸侵袭是受益于周围岛屿的屏蔽 ❦❦❦

我国沿海自然环境除因台风形成的风暴潮的影响外，基本上未遭遇海啸的侵袭。这是因为从太平洋来的海啸有环太平洋西岛弧屏蔽。从北而南有千岛群岛、日本群岛、琉球群岛、台湾岛、菲律宾群岛在东部的阻挡，使得太平洋东西两岸附近产生的海啸难以达到我国东部沿海，即使到达，海啸波的幅度也不大，不至于引起灾害。如1960年智利发生的特大地震海啸，浪高25米，从太平洋东岸越太平洋传到西岸，海啸到达夏威夷，浪高9～10米，到日本，浪高6～8米，最后传到我国上海吴淞口仅有15～25厘米。

我国南海沿岸从未遭到印度洋的海啸侵袭是由于有新加坡、印度尼西亚、马来西亚等国组成的大巽他群岛起到阻挡作用。如2004年南苏门答腊特大海啸对广东和广西沿海未有影响。

海 啸
——愤怒的海洋

我国可能发生 海啸的地段

据前所述，海水较深，海底地形较陡，常发生6.5级以上地震，且多为倾滑型地震，即由逆断层或正断层产生的地震，由此而促使海水上下扰动，进而引发海啸，或地震引起大量海底滑坡，因滑坡体滑动致使海水扰动，引发海啸。具备这样的环境与条件的地段，在我国只有东海海域以东的冲绳海槽、琉球群岛和我国南海东部的马尼拉海沟。

1. 琉球群岛海啸源 ✈✈✈

琉球群岛是西太平洋边缘岛弧的一部分，为东海与太平洋的天然界线，具备产生地震海啸的地形和水深的环境条件。那里岛架地形复杂，沙滩、岩滩众多，地形较陡。其北为冲绳海槽，是一个深水槽，形似新月，向东南方向凸出。海槽南深北浅：北部水深600～800米，

50

坡度较小；南部水深2000～2500米，坡度也大，最大深度达2717米。据日本文献记载，琉球群岛历史上曾经发生过地震海啸。1771年八重山地震海啸将珊瑚礁推向高处，造成石垣岛的宫良、安良等村庄全部人遇难，八重山各岛溺死者达9209人。此外，1901年奄美大岛近海地震、1911年袭击喜界岛和奄美大岛的强烈地震、1938年宫古岛地震、1966年台湾东部近海地震都引起小海啸。由此可见，琉球群岛是产生海啸源的地段。

2. 马尼拉海沟海啸源 ❦❦❦

马尼拉海沟位于南海东部，菲律宾群岛的西部，成近南北向长带状延伸。西侧为狭窄的岛坡组成的陆坡，面积为89500平方千米，主要是沟槽地貌及夹在其间的海底脊岭地貌。由岛架外缘至水深约2000米为上岛坡，具有正重力异常的基底隆起，坡度为5°～10°。紧接着是西吕宋海槽，大约从水深2900米外延伸到深海盆底属下岛坡，平均坡度为7°，坡底增至13°，坡

底下即为马尼拉海沟。吕宋海槽沿南北向断裂发育。马尼拉海沟水深一般4800～4900米，最深点在海沟南端，深5377米，海沟全长约350千米，马尼拉海沟断裂为俯冲性岩石圈断裂。断裂生成于古近纪，近期活动强烈。早期为张性，成裂谷地堑，晚期转为俯冲与挤压。断裂两盘东陡西缓，南海海盆由西向东俯冲，海沟沉积层向东倾斜，贝尼奥夫带的倾角北部约40°，到南端近于直立，沿着马尼拉海沟的东陡坡，发育着一定数量的滑坡体，且有一系列地震沿此带分布，由此而引发了多次海啸。因此马尼拉海沟的东陡坡带是最易产生海啸潜源的

地段。

一般认为，引发海啸的地震震源机制类型一定是倾滑型地震，而走滑型的地震是不能引发海啸的。据统计：中国台湾—菲律宾地震带震源机制解22次，走滑型7次，占总数的32%，逆倾滑型8次，正倾滑型7次，倾滑型合计15次，占总数的68%，显然倾滑型地震占优势。因此，这一地带的地震震源机制以倾滑型地震占优势。我们统计了1977～2004年，菲律宾地震带的60次6级以上的地震，倾滑型地震43次，占总数的71%，走滑型17次，占总数的29%。可见，引发海啸的地震既有倾滑型地震，也有走滑型的地震。

追溯过去，菲律宾曾发生过多次地震海啸，如：1918年棉兰老8.5级地震引起的海啸，到50人死亡；1925年6.8级地震引起的海啸致428人死亡，造成严重的经济损失；1976年8月16日的莫罗湾地震7.9级，这次地震引起了海啸，造成8000人死亡和重大财产损失；1983年6.5级地震引起的海啸致16人死亡，造成严重的经济损失；1994年11月15日，菲律宾北部的东民都洛省发生6.7级地震，地震引起海啸，至少有33人死亡，70人受伤。

我国历史上的海啸

我国历史悠久，史书记载灾害的条目丰富，就海水或海浪侵袭沿海大陆的现象古人所用的词语有"海溢"、"海水溢"、"海沸"、"海唑"、"海啸"、"海水翻上"、"海涛奔上"、"海水翻潮"、"海水泛滥"、"大风架海潮"等。就记载的年代来看，最早是公元前48年，汉元帝初元元年。此后，历朝历代都有疑似海啸的记载，但绝大多数都不是海啸，其中大部分是风暴潮，是热带风暴和台风所引起，少数是地震波引起海水的震荡所致，有的是近岸地震引起岩石崩塌激发海水的大浪，极少是由海啸所引起。

1. 热带风暴和台风引起风暴潮

在我国史籍记载中那些用"海溢"、"海水溢"、"海沸"、"海唑"、"海啸"、"海水翻

海啸
——愤怒的海洋

上"、"海涛奔上"、"海水翻潮"、"海水泛滥"等词语来描述近岸海浪侵袭沿岸内陆而造成人畜伤亡，冲毁民房、农田、盐场和寺庙的，多为风暴潮，由热带风暴和台风所引起。

这些由海浪引发的灾害几乎发生在每年的5～9月，最迟到11月。这正是我国沿海热带风暴和台风猖狂肆虐的季节，由此而引起风暴潮。

风暴潮，就是当台风移向陆地时，由于台风的强风和低气压的作用，使海水向海岸方向强力堆积，潮位猛涨，水浪排山倒海般向海岸压去。强台风的风暴潮能使沿海水位上升5～6米。风暴潮与天文大潮高潮位相遇，产生高频率的潮位，导致潮水漫溢，海堤溃决，冲毁房屋和各类建筑设施，淹没城镇和农田，造成大量人员伤亡和财产损失。风暴潮还会造成海岸侵蚀，海水倒灌造成土地盐渍化等灾害。如，2007年10月11日，台风"罗莎"席卷杭州以后又冲向连云港，海面风力达到10～12级，汹涌的海浪与岸边的礁石相撞击，拦海大堤波涛汹涌，一层层海浪如万马奔腾，连绵不断地涌向岸边，飞溅起20多米高的"水墙"，把海堤的护栏冲坏。又如2006年，第1号强台风"珍珠"掀起大浪对漳州沿岸的冲击，造成直接经济损失37亿多元，20人死亡，6人失踪。强烈的台风无坚不摧，如2007年10月7日，台风"罗莎"吹倒了台北的巨大广告牌，砸坏了一家店面和两辆轿车；2003年的第14号超强台风"鸣蝉"，是百年来登陆韩国最强的台风，中心风力19级，最大时速216千米/小时，至少造成78人死亡，24人失踪，数千人逃离家园。

风暴潮从外在形态和破坏力来看很容易被误认为海啸，它们之间的区别在第三章中说得很清楚。在我们古籍文献中的海啸、海溢、海水溢、海潮大多数都是风暴潮而不是现代意义的海啸。形成风暴潮的台风移动路径大体有3种：

①西进型：台风自菲律宾以东一直向西移动，经过南海最后在中国海南岛或越南北部地区登陆，这种路线多发生在10～11月。2010年10月19日第13号超强台风"鲇鱼"就是典型的例子。

②登陆型：台风向西北方向移动，穿过台湾海峡，在中国广东、福建、浙江沿海登陆，并逐渐减弱为低气压。这类台风对中国的影响最大，7～8月基本都是此类路径。近年来对江苏影响最大的，"9015"号和"9711"号两次台风，都属此类型。

③抛物线型：台风先向西北方向移动，当接近中国东部沿海地区时，不登陆而转向东北，向日本附近转去，路径呈抛物线形状，这种路径多发生在5～6月和9～11月。如2010年，第9号热带风暴"玛瑙"于9月3日14时在浙江象山东南方大约1135千米的西北太平洋洋面上生成，6日7时加强为强热带风暴，6日18时，其对我国海区

的影响趋于减弱，8日凌晨"玛瑙"在日本海南部海面变性为温带气旋。

由此可见，中国东部及东南部广阔的海域和沿岸地带差不多大部分时间都受到台风的侵袭及由此带来的风暴潮的冲击。

2. 地震波引起海水震荡

地震波在固体介质岩石和土层中可传播纵波和横波，而在液体介质水中只能传播纵波，因此在沿海和滨海地区发生地震。由于海水中纵波的传播引起海水的上下震荡使沿岸验潮站潮位上升几厘米到几十厘米是非常自然的事情。因此，1992年1月14日，海南西南海中发生了

3.7级地震，引起海水震荡；1994年9月16日，台湾海峡7.3级地震，东山验潮站海水上升0.26米，澎湖验潮站海水上升0.38米，据此，于福江（国家海洋环境预报中心副主任）认为是这次地震引起的海啸。据考证，3.7级、7.3级地震震中附近海域都是位于大陆架，坡度非常缓，没有产生海啸源的条件，地震所引起的纵波，足以使海水震荡的幅度达到上述高度，故不是海啸。

3. 地震引起海啸

我国是世界上最早记录到地震海啸的国家，史书上记载了西汉初元二年（公元前47年）九月发生在渤海莱州湾的地震海啸。据我国学者统计，从公元前47年到公元2004年在我国近海共发生过28次不同级别的地震海啸，其中8～9次为破坏性海啸。特别是1781年5月22日发生于台湾的一次大海啸，持续了38小时，淹没了120千米长的海岸线，4～5万人死亡。1918年2月广东南澳、汕头附近发生了7.3级地震，并伴有海啸发生，此次海啸持续了14小时，波高达7米，周期13秒。

在我国台湾南北近岸，一次是关

于1781年5月22日（乾隆四十六年四月三十日）台湾高雄曾有遭海啸袭击的报道。据道光十年（1830年）陈国瑛辑《台湾采访册》中记述："时甚晴霁，忽海水暴吼如雷，巨涌排空，水涨数十丈，近村人居被淹，皆攀缘而上至树尾，自分必死。不数刻，水暴退。"日本海啸史学家羽鸟德太郎对此也有记述："台湾海峡海啸，海水暴吼如雷，水涨持续至8小时。海啸吞没村庄，无数人民在海啸中丧生。"以上两次记录只记载了海啸，而未明记地震。但苏联科学院的两位院士依据从荷兰与英国搜集的资料，断定这是一次地震海啸：台湾西南长约120千米的沿海地带，先遭地震破坏，后遭海啸袭击，地震和海啸持续8小时之久，安平（今台南市）等3镇和20多个村庄只剩下一片瓦砾，几乎无一人生还，4万余居民丧生，无数船只或被毁或沉没，就连伸向大海的海角和岸边的山包都被冲刷掉了，形成新的海湾和悬崖峭壁。一次死亡4万余人，但查阅我国的历史强震目录，均无此次地震的记载。

另一次1867年12月18日（同治六年十一月二十三日），台湾基隆近海发生7级地震。同治《淡水厅志》记有："鸡笼头、金包里沿海山倾地裂，海水暴涨，屋宇倾坏，溺数百人。"棕榈岛和基隆岛之间海面有烟雾上腾，海啸致海港内水涌向海外，使远至阎王岩地方成为无水地带，所有的东西被退去的海水卷

走；然后海水又以两个大浪涌回，将舢板和上面的人淹没，并把帆船搁浅在基隆对岸，无数的煤船倾覆淹没，一条深埋在沙中多年的旧帆船被冲上岸，淹没百余人。这是一次典型的地震海啸。海啸源并不在基隆，推测在离基隆不远的台东或琉球俯冲带中。

新中国成立后，有记录的海啸有4次：

第一次在1966年3月13日，由发生在台湾花莲东北的7.5级地震引起。

第二次在1969年7月18日，由发生在渤海中部的7.4级地震引起海啸，海啸波高约为0.2米，此次海啸对河北塘沽造成一定损失。

第三次是1992年1月4～5日，在海南岛南端波高0.78米的海啸，三亚也出现0.5～0.8米的海啸，造成一定损失。海啸发生时海水混浊并伴有响声，水面出现死鱼，停泊在港内的渔船出现一片混乱，船只互相碰撞，有的锚链拉断，有几艘小渔船险些翻沉，岸上居民见此情景纷纷离家出走。这次是首次记录到在我国近海由于海底群震而产生海啸波，由此表明近海地震海啸发生的潜在危险是很大的。

第四次是1994年发生在台湾海峡的海啸，未造成损失。

我国海啸发生的  频率

据统计，1904～2004年，西北太平洋上共发生683次震级大于7级的地震，其中有64次发生在我国沿海（约占总数10%），只有5次引发了海啸，仅占地震频数的7%。由此可见，我国地震海啸的发生频率是很低的。但并不排除发生7.5级以上强地震引发大海啸的可能性，特别是台湾和南海，在我国历史上有记录的十几次地震海啸中，约有70%以上的过程集中于此，本地地震海啸灾害的潜在危险仍然存在，应给予高度重视。

远洋海啸对我国沿海影响很小，原因是我国大陆沿岸因受岛屿链和大陆架的保护，远洋海啸进入这一海域后，能量衰减很快，不足以引起灾害。例如，历史上著名的1960年5月的智利大海啸和1983年5月26日的日本海地震海啸，远洋传播进入我国大陆架后，能量急剧衰减，沿岸记录到的海啸波高最大仅40厘米，未对我国造成严重影响。

有人曾引用一种相对单位对我国近海受海啸影响频度给予了客观的评价，首先将我国沿海分为3个区域：其一为台湾东部沿岸；其二为大陆架沿岸；其三为渤海沿岸。这三部分的相对频率分别是200、50和12，比率是16：4：1。可以说，第一部分海域受远洋海啸影响的频率较高，第二部分略有影响，第三部分几乎没有影响。

知识链接

由于形成机制的不同，海啸波浪的形态和运动形式与风成波浪很不相同。海啸波浪的波高是很小的，只有30厘米左右；但是，两个连续的波峰之间的距离（波长）却非常大，它们可能达到数千米长。

第二章

海啸的预警机制

HAIXIAO DE YUJING JIZHI

国际海啸 预警

人类对海啸的研究，始于19世纪初，法国数学家A.L.柯西和S.D.泊松奠定了海啸的理论研究基础。

国际海啸预警系统是1965年开始启动的，此前的1964年，阿拉斯加一带海域发生了里氏9.2级的地震，地震引起的巨大海啸袭击了大半个阿拉斯加。海啸发生后，美国国家海洋和大气局开始启动这一研究。后来，太平洋地震带的一些北美、亚洲、南美国家，太平洋上的一些岛屿国家、澳大利亚、新西兰，以及法国和俄罗斯等国都先后加入。

1966年，联合国教科文组织政府间海洋学委员会成立了"太平洋警报系统国际协调组"，有20多个国家和地区参加。它的任务是探测太平洋地区的主要地质、发布海啸警报、搜集和交换地震产生海啸的海浪及海面升降资料等。苏联、美国、日本等国均建立了海啸警报中

心，设立观测站网进行检测。

据介绍，国际海啸预警系统一般是把参与国家的地震监测网络的各种地震信息全部汇总，然后通过计算机进行分析，并设计成电脑模

海 啸
——愤怒的海洋

式，大致判断出哪些地方会形成海啸，其规模和破坏性有多大。国际海啸预警系统通常不会对里氏7.1级以下的地震发布预警，因为这一级别以下的地震很难在海洋中产生大的连锁反应。

1983年日本中部发生一次7.7级大地震，监测系统向东京发出警报，专家对警报内容进行分析，推断将发生海啸。但是，分析耗时达20分钟，在政府发出警报前，已经

有100人被地震引起的海啸卷走。

日本科学家随后改进了监测系统，1986年安装的设备可以自动接收地震仪的读数，并在10分钟内发出警报。然而，改进还是不够完善。1993年，北海道发生7.7级地震，几乎立即在震中引起海啸。因为北海道以前从未发生过海啸，没有人预计此次地震会引起海啸；地震发生后不到3分钟，海啸涌起的高达29米的大浪直扑奥尻市。7分钟后

政府下令疏散，虽然反应不算迟缓，但是已经有198人丧生。现在奥尻市已筑起一道长达14千米的防波堤，在某些地段防波堤高达12米，并安装预警系统，只要地震达到日本震级4级，便会自动发出警报。

太平洋由于海啸多发，所以海啸预警系统很发达。印度洋由于历史上很少发生海啸，近百年来也没有发生过海啸，所以没有国家参加海啸预警系统，根本没有海啸预警网络，北海道海啸造成的重大伤亡和没有及时预警关系很大。此次大地震发生15分钟后，太平洋海啸预警中心就从檀香山分部向参与联合预警系统的26个国家发布了预警信息。如果印度洋也有预警系统，也许人们就可以更好地利用从震后到海啸登陆印度洋沿岸的宝贵的90分钟。预警早一分钟，就可以挽救成千上万人的生命，可以说海啸预警是在与死神抢时间。

太平洋海啸预警系统

鉴于预报、预测海啸非常困难，因此人们只能在海啸发生后，迅速确定出海啸震源强度，并利用海啸传播图计算出海啸到达各海岸的时间和强度，通过电信手段立即通知有关国家和地区，使其作相应的防范，这就是海啸警报。

目前承担太平洋沿岸国家海啸警报发布的主要是太平洋海啸警报中心，它于1966年在国际海洋学委员会的促请下建于美国夏威夷。其后还相继组建了若干区域或国家的海啸警报中心，它们是夏威夷海啸警报中心、阿拉斯加、日本、苏联以

海啸警报系统，主要任务是收集和传递发生在太平洋沿岸的海啸情报，必要时通过国家广播网向公众发布海啸警报。目前各国参加太平洋海啸警报网的验潮站有53个，地震台51个，承担整个太平洋范围的海底地震和海啸监测业务。

及南太平洋的波利尼西亚海啸警报中心。

上述这些警报中心构成太平洋

海啸
——愤怒的海洋

美国海啸预警系统

目前，世界上遭受海啸威胁比较严重的国家除了日本就是美国，美国北部的阿拉斯加州和西海岸的华盛顿州、俄勒冈州和加利福尼亚州都属于海啸威胁区。1964年，阿拉斯加州发生地震和海啸，导致132人死亡，其中122人直接死于海啸。此后，美国迅速建立了海啸预警机制。

（1）海啸预警系统发达

美国属于海啸预警做得非常好的国家。设在夏威夷的太平洋海啸预警中心在太平洋上有近百个监测站，可以随时监视海面波动、海啸的发生和强度。它们通过卫星、电缆和预警系统相连，而预警中心又和巨大的地震监测网相连，能在第一时间内观测到那些有可能造成海啸的地震，从而及时发出警报。

美国西海岸和各岛屿都有分站，并且和地震数据中心直接联网，一旦有地震发生，所有数据几乎是同时传

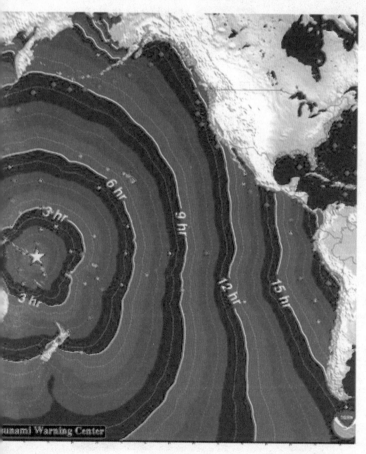

入阿拉斯加的海啸预警中心总部。经过预测分析，总部向有可能受海啸影响地区的分站发出警报，再由分站向该地区有关部门报警。从阿拉斯加预警中心接到地震报告、做出预测到相关部门接到海啸警报，一般不超过10分钟。

（2）建设思路值得借鉴

美国海啸预警机制由国家海洋和大气管理局负责，下属有两大海啸预警中心，一个是太平洋海啸预警中心，另一个是阿拉斯加海啸预警中心。这一体系所拥有的探测设备，包括太空中的海洋观测卫星，部署在大洋底、岛屿上以及岸边的地震波探测站，大洋中的海潮监测站等，它们织就了一张从太空到海底的完备监测网。

但美国认为，成功的预警系统不仅仅是依靠先进设备探测到地震和海啸，更包括及时把消息发布给公众，指导公众正确地躲避灾难，通过国际合作加强预警"灵敏度"。

在警报发布方面，美国提倡"多渠道"，力求让最多的公众在最短的时间内得到警报。如果太平洋海啸预警中心或阿拉斯加海啸预警中心监测到了海啸，警报会发布给有关各国、美国各州和各地方以及各家媒体，也通过国家海洋和大气管理局的甚高频天气广播系统直接向公众发布，还通过美国海岸警卫队的中波和甚高频电台向拥有海上电台的机构和公众发布，紧急的时候还可以使用国防部的军用通信手段。

在指导公众避灾方面，美国的做法是政府和民间协作。在受海啸威胁较大的地区，地方政府的应急

海啸
——愤怒的海洋

啸避险训练学校或课程，让公众接受避险训练。

　　发生于大洋的海啸通常是国际性灾难，因此美国也非常重视通过国际合作提高预警的灵敏度。通过太平洋海啸预警系统，收集遍布太平洋海盆的地震波和海潮监测站探测到的信息，交换太平洋沿岸26个国家的情报，评估能引发海啸的地震并发布海啸警报，其运行中心就是位于夏威夷檀香山附近的美国太平洋海啸预警中心。

　　一旦有地震监测站报告了一次海底地震，并根据现有认识能判断它足以引起一场海啸，太平洋海啸预警中心就会向海啸可能波及的地区发出"海啸危害即将到来"的警报，其中包括海啸预计到达最远的地点、预计波及海岸各城镇的时间等信息。如果海潮观测站监测到了正在发作的海啸，那么警报发布的范围也立即扩大到整个太平洋周边，紧急程度也自动提高。

　　从1964年至今，美国还没有发生过重大的海啸，其预警机制也还没有经受真正的考验，但其建设思路值得借鉴。

机制必须在接到警报后15分钟内启动，并开始向安全地区疏散群众，相关的政府官员都要接受专门的训练。国家海洋和大气管理局还倡导"海啸防备"计划，对地方政府或机构提出海啸应急反应的一系列量化指标，目前已有15个地方或机构达标。此外，政府还资助民间的海

日本的海啸 预警系统

海啸的英文名称"Tsunami"来自日本，为了保护国民免于受灾，日本政府每年花费2000万美元，完善自动化监测系统，一旦发生强度较大的地震，3分钟内可以向全国各个海滩发出警报。

虽然日本政府大量投资于高科技监测系统，然而一旦发生海啸，要保护国民的生命亦非易事。

地震促使日本当局改进预警系统，日本气象厅定下新目标，在3分钟内发出地震海啸警报。这样，只要发生地震，180个感应器一边继续检测，一边把收集的信息传送至电脑中心进行分析。电脑中心的计算结果显示在电视屏幕上，通知国民提防海啸，并预报海浪有多高。日本的地方政府已有本身的预警系统，如汽笛警报等。

虽然如此，日本一旦遇到海啸，其预警系统是否就能解决问题？自1993年，日本再没有遇到巨型海啸，预警系统的效力还无法判断。

海啸
——愤怒的海洋

我国的海啸预警系统

（1）我国沿海的海啸警报系统
我国是一个多风暴潮灾的国
家，风暴潮的危害程度和频率远比
地震海啸高得多，也严重得多，而
这两类警报业务又极其相似，因此
目前我国将这两类预报业务合并在
一起，由国家海洋环境预报中心承
担。

为确保风暴潮与地震海啸的业务
预报，我国在沿海设立了286个验潮
站，其中有100多个站担负着风暴潮
的监测、警报任务。

我国风暴潮及海啸预报，一般
分为三级：消息——发生前48小时发
布；警报——发生前24小时发布；紧
急警报——发生前12小时发布。舰船
收到风暴潮或海啸预报后，应立即
采取措施，离开发生海区或港口，
驶往安全的地方。

根据我国国情和实际工作需要，
一个由地震局、海洋局和沿海验潮
站联合组成的海啸警报网已初步投

入业务预报。1988年2月29日下午14
时，在55°01′N，167°05′E的太
平洋上发生7.5级海底地震，17时
国家地震局将这一信息传给海洋局
后，国家海洋预报台根据海啸传播
图计算出：此次地震引起的海啸波
将在12～14小时后影响我国大陆沿
海，预计海啸波高30～40厘米，并
使用风暴潮警报网于17时30分发出
警报和收集实况资料。据坎门和厦

门两个海啸监测站对此次海啸波的观测，海啸波高在这两个站分别为37和34厘米。由此看来，海啸警报与风暴潮警报并网事实是完全可行的，但仍需要加强与地震部门的密切配合，并得到太平洋海啸警报中心的技术指导，特别是要组织强有力的通信网以保证预报与资料传递畅通无阻。

（2）我国海啸研究与预警报服务现状

我国已经建立了海啸预警系统。国家海洋局按照国务院统一部署编制了包括海啸在内的重大海洋灾害应急预案。一旦沿海地区可能受到海啸影响，国家海洋局海洋环境预报中心会立即通过海啸预警系统发布受影响地区的海啸预警报。同时，预计我国发生灾害性海啸时，国家将启动海啸应急预案。

自20世纪70年代以来，我国加强了对海啸的研究和预报力度，在沿海海域地震海啸分布概况和发生频率等方面取得许多有意义的研究成果。我国于1983年加入国际太平洋海啸警报系统，并与太平洋海啸预警中心建立了业务联系，接收它们发布的海啸预警，但尚未承担监测任务。此后，国家海洋局海洋环境预报中心开展了海啸预警报业务。国家海洋局在海岛和近岸建立了大量的海洋监测站和浮标站，现已基本具备海啸预警能力。

20世纪90年代后期，国家海洋局还组织开发了太平洋海啸资料数据库、太平洋海啸传播时间数值预报模式和越洋、局地海啸数值预报模式。这一模式在广东大亚湾、浙江秦山、福建惠安等5个核电站的环境评价中得到应用。印度洋大海啸发生后，国家海洋环境预报中心迅速组织专家进行数值模拟，再现了全

海啸
——愤怒的海洋

过程。

　　海啸的预报难度很大，主要原因是目前的技术还不能准确预报地震，加之并不是所有的海底地震都能引发海啸，太平洋地区仅有1/4左右的海底强震（震级大于7级）会产生海啸。同时，海啸发生后，也很难实时准确地获取其初始状态的地震参数和海啸源参数。

知识链接

　　海啸一旦形成，海啸波在宽阔的海洋里以每小时大于800千米的速度传播。这些海啸波可以在不到一天的时间内穿过太平洋。

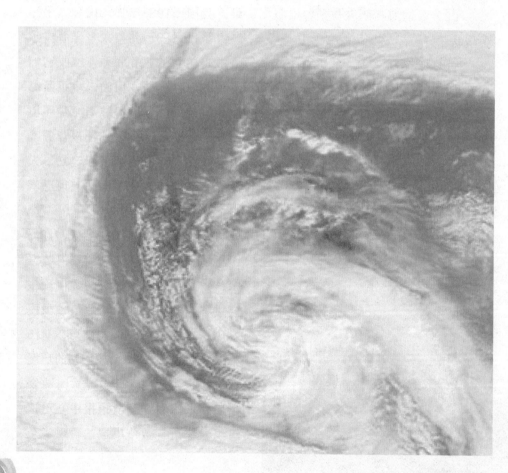

中国海啸预警系统的 建设

（1）卫星、飞机、船舶、浮标、海底监测器齐上阵，上海拟建立体海啸监测网，计划"编织"一张从万米高空到千米海底的全方位海洋环境监测"大网"，主要预防风暴海啸。

目前上海的海啸监测网络主要包括：多颗高空气象卫星和海洋卫星、低空遥感飞机和海面大浮标探测器。这些设备已初步建立了一个多维空间的监测网络。但是目前这张网络只能算是一张"小网"，

最大缺点是监测距离短，范围不够广。"网"撒得越大，收集到的信息就越多，对灾害的预警或预报就能越早。"编织"一张更大、更密的"网"，将是上海市海洋局今后的工作重点。

上海海洋环境立体监测属国家863项目，是关系到我国东海、黄海沿岸地区安全的重要环节。将来上海建立的比较理想的全方位网络将包括多颗卫星、多架遥感飞机、多艘海洋测报船、多个海面浮标及海底监测器和潜艇等。而目前上海只有一架飞机、一个浮标，这显然远远不够。今后，上海海洋局将在设备种类和数量的扩充与提升上加大力度，争取尽早"编织"出严密的监测"大网"。

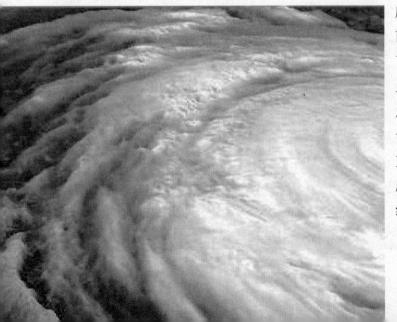

（2）天津将建立监测预警中心监测台防御地震海啸灾害

由于天津市大部分沿海地区海拔高度仅为1米左右，20世纪80年代以来，天津市沿海就发生过多次风暴潮灾害，造成不同程度的损失。因此，预防地震海啸灾害不容忽视。

天津市政府已经编制包括应对地震等严重自然灾害在内的突发事件应急预案，并决定建设滨海地震监测预警中心，在渤海海域建设地震监测台。

滨海地震监测预警中心和地震监测台的重要功能就是进行渤海海域地震监测、地震预警、地震海啸预警，这将增强天津市特别是滨海新区抵御地震灾害和地震海啸灾害的能力。

（3）海南拟建立海啸预警机制

海南省地震局预报中心称，海南目前在全省各地设有十多个监测地震的台站，能监测到全球七级以上、全国五级以上、海南二级以上的地震。但是海南的地震监测台网主要分布在陆地，对南海海洋地震的监测能力较弱，海南目前也尚未加入"国际海啸预警网络"。

2004年印度洋海啸未波及海南

岛，是因南海诸岛起到了阻挡作用。但如果菲律宾海、琉球海沟发生地震引起海啸，则可能向海南岛传播过来。四百年前，海南岛琼山7.5级地震，曾引起近海的七十多个村庄沉陷为海。

因此，在印度洋海啸过后，海南省地震局预报中心表示要建立海啸预警机制。

（4）台湾气象局为避免海啸灾难发生将建预警机制

为避免南亚严重海啸灾情在台湾重演，台湾气象局已建立海啸分级预警机制。

德国海啸预警系统的 建设

德国政府在2005年1月8日提出一项海啸预警系统建设计划，准备利用德国现有的全球地震观测网，3年内首先在印度洋地区建立有效的海啸预警系统。

目前德国地质研究中心拥有遍布全球的50个地震观测站点，在此基础上，德国计划今后1到3年内在印度洋地区新建30至40个站点，主要集中在印度尼西亚和斯里兰卡这两个遭受海啸袭击最严重的国家。这项计划预计耗资4000万欧元。

在远期目标上，德国计划与其他援助国合作，再建设250个观测站，

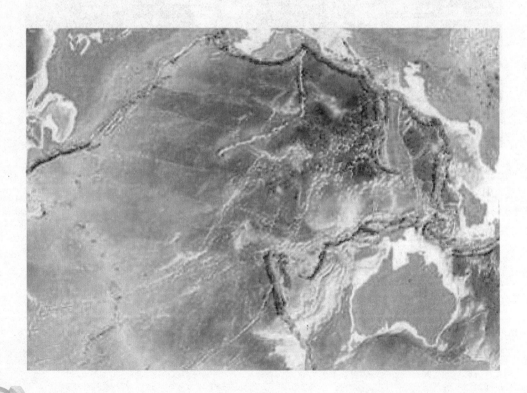

研究中心开发的这套实时通信方法在美国已得到运用，被称为"全球最快的系统"。

德国地质研究中心拥有自己的地震研究网，并与其他国家的网络紧密连接。目前，该中心在印度洋地区只有为数不多的几个观测点。

加入到这一观测网络中。同时，大西洋和地中海沿岸一些地震高发地区也应包括进去。

在发生地震险情时，预警系统将在几分钟内在因特网上发布警报信号，各个地方信息中心将自动通过电子邮件和手机短信通知网络系统内的所有用户，包括管理和研究机构、酒店和个人用户。德国地质

美国扩建海啸预警系统

　　美国2005年1月14日宣布在两年内扩建现有的太平洋海啸预警系统，并首次在大西洋上建立预警机制，以全面保护美国海岸安全。

　　美国计划投资3750万美元，到2007年年中，将太平洋现有的6个深海探测浮标增加到31个，并首次在大西洋和加勒比海上设置7个浮标。这些浮标与置于海底的压力记录仪相连，将接收到的数据通过卫星传送给预警站。

　　这项计划将能使美国东西海岸的所有地区受到预警机制的保护，预警系统可以在海啸形成后几分钟甚至几十秒钟内发出警报。这项计划还将惠及加拿大、墨西哥和其他中南美洲国家。

　　由于有史以来发生的大部分海啸都集中在太平洋地区，美国与太平洋沿岸的26个国家和地区建立起一套针对太平洋的海啸预警机制。美国还在夏威夷和阿拉斯加建立了两个海啸预警中心。美国与54个国家和部分国际组织进行了磋商，将海啸预警机制扩大到印度洋等其他地区。

日本海啸预警系统的 建设

（1）**2011**年之前建立起"全民危机警报系统"

日本政府在2011年之前建立起"全民危机警报系统"，直接向国民报告地震、海啸以及导弹袭击等各种自然灾害和突发事件，最大限度地减少这些突发性灾难给国民生命财产造成的损失。

日本虽然已经有强制启动电视机、通过文字和语音发布危机警报的系统（EWS），但这种系统必须配备特别的接收装置，普及率不高。而数字广播能将图像和音乐转换、压缩成数字信号传送。在如此传送的同时，还可以在广播信号中附带启动信号，自动强制性启动电视机等终端设备。

日本全国在2010年之前全面实现地面波数字电视广播。因此，日本政府计划利用地面波数字电视广播，建立起通过各家各户的数字电视接收机以及带有电视功能的手机

直接接收危机警报的系统。这样，一旦发生突发性危机，日本政府有关方面就可以不用通过各级地方政府，而是直接利用"全民危机警报系统"向国民发出警报。

日本已经基本开发成功能在远距离强行启动电视机或中断正在收看的电视节目、改为播报危机警报的技术。在使用这种技术时，只要不切断电源，用遥控器使电视机处于

待机状态，就能使电视机收到危机警报后自动开启。

这种信息直接传达系统可以快速、准确地传播突发性危机警报，将各种灾害的影响降低到最小限度。据悉，日本各移动通信公司已经开始提供利用手机接收电视节目的服务。

（2）日本海洋研究开发机构开发出海啸快速预报技术

日本海洋研究开发机构最近开发出了一种海啸快速预报技术。这一技术将有助于减轻海啸引发的灾害。

在日本近海地区，地震引发的海啸具有很大的潜在危害。根据有关预测，如果发生东海大地震，其引发的海啸可能导致400至1400人死亡。目前的海啸预报往往根据地震的规模进行预测，地震发生数分钟乃至数十分钟后才能大致预测出海啸高度。新开发的技术利用为观测海底地震而铺设的海底电缆，通过在电缆上安装水压计，分析在地震发生后水压的变化，并根据水压变化预测海面上升高度。地震发生3秒钟内即可作出海啸预报。

研究小组分析了去年9月北海道一次地震的水压数据，结果证明通过分析水压可准确预测海啸。日本今后将在近海8个地方铺设海底电缆，并建立更为完善的地理信息系统，以便准确预测海啸，减轻海啸引发的灾害。

第三章

透过海啸看军事

TOUGUO HAIXIAO KAN
JUNSHI

海啸
——愤怒的海洋

地球物理 环境武器

1965 年夏天，美国在比基尼岛上进行的核试验，爆炸后掀起60米高的海浪，激发了军事科学家们研制海啸武器的浓厚兴趣，也引起了人们的认真思考：未来战争能否采取海啸打击？如果研制海啸武器运用于海战，可能会起到不可估量的作用。美军核试验科学家认为，一旦这种武器步入战场，将能冲垮敌海岸设施，使其舰毁人亡。

变天气为武器，让"雷公"、"电母"下凡参战，这不是异想天开，而是美军正在进行的一项重要研究项目。最近，据美空军的一份研究报告透露，美军正加紧研制天气武器，期望呼风唤雨，将天气变化产生的雨水、冰雹、冰雪作为空袭"撒手锏"，赢得"无伤亡"战争的胜利。

地球物理环境武器是指运用现代科技手段，人为地制造地震、海啸、暴雨、山洪、雪崩、热高温、气雾等自然灾害，改造战场环境，以实现军事目的的一系列

武器的总称。据说早在公元前300年，人类就开始利用地球物理环境武器。当时，罗马帝国的舰队包围了叙拉古，阿基米德让市内的所有妇女都带上一面小镜子到码头上。在他的指挥下，妇女们用镜子把阳光反射到距离最近的一艘军舰上，军舰立即起火。二战中，美军和德军也都曾利用地球物理环境武器促使气候发生变化，从而达到己方的军事目的。1966年越战期间，为实施人工降雨，延长风季持续的时间，美军向作战空域的云层倾泻了成吨的碘化银，造成水滴凝结在一起。美军曾出动飞机26000架次，对"胡志明"小道施放降雨催化弹474万多枚，制造大量暴雨和洪水，造成局部地区洪水泛滥，桥梁、水坝、道路和村庄被毁。1970年美国在古巴人为制造干旱，使古巴糖类作物大量减产。1974年美国用人工方法将一台风引向洪都拉斯，造成中美洲国家经济损失千万美元，人员伤亡达万人。

随着科学和气象科学的飞速发展，利用人造自然灾害的地球物理环境武器技术已经得到很大提高，必将在未来战争中发挥巨大的作

海啸
——愤怒的海洋

用。

（1）高温高压冷温武器

一是温压炸弹。目前，美海军正在设计制造一种能用肩射多用途攻击武器发射的温压弹，以用于城市环境作战。温压弹是美国防部降低防务威胁局在2003年10月，组织海军、空军、能源部和工业界专家，利用两个月时间突击研制的。2003年12月14日通过了试验验证，并成功应用于阿富汗战场。温压弹爆炸时能产生持续的高温、高压，并大量消耗目标周围空气中的氧，打击洞穴和坑道目标效果显著。除去用

温压弹打击洞穴、坑道和掩体等狭窄空间目标，海军陆战队还计划利用便携式温压弹打击城市设施，包括建筑物和沟道等。

二是寒冷武器。在17千米的高空引爆一颗甲烷或者二氧化碳炮弹，炮弹碎片遮蔽太阳，天气骤然变得异常寒冷，可将热带丛林中的敌人活活冻死。

三是高温武器。通过发射激光炮弹，使沙漠升温，空气上升，产生人造旋风，使敌人坦克在沙暴中无法行驶，最终不战自败。其钢制弹壳内装有易燃易爆的化学燃料，采

用高分子聚合物粒状粉末，以便提高武器系统的威力和安全性；爆炸发生时会产生超压、高温等综合杀伤和破坏效应。高温武器既可用歼击机、直升机、火箭炮、大口径管炮、近程导弹等投射，打击战役战术目标，又可用中远程弹道导弹、巡航导弹、远程作战飞机投射，打击战略目标。

四是热压气雾武器。目前，英军开始研制一种利用热浪、压力和气雾打击目标的精确打击武器。这种武器运用的是先进的油气炸药原理。弹头里的炸药在撞击目标后以气雾形式扩散并燃烧，迅速形成一股高压爆炸波，摧毁目标。这种武器在撞击后弹体燃料马上被点燃，从而产生大量的浓雾爆炸云团，通过热雾和压力摧毁建筑物内的目标，并且能够在很大范围内杀伤敌人，在目标区域内的敌人很快会被压力压死、气雾憋死。

（2）闪电太阳武器

一是人工控制雷电。人工控制雷电，是指通过人工引雷、消雷等方法，使云中电荷中和、转移或提前释放，控制雷电的产生，以确保空中和地面军事行动的安全。人工控制雷电主要方法有：利用对带电云团播撒冻结核，改变云体的动力学和微物理学过程，以影响雷电放电；采用播撒金属箔以增加云中电导率，使云中电场维持在雷电所需临界强度以下抑制雷电；人为触发雷电放电，使云体一小部分区域在限定的时间内放电。

海啸
——愤怒的海洋

二是太阳武器，就是一种利用太阳光来消灭敌方的武器。实际上利用太阳光作为武器，早就使用过。1994年俄罗斯卫星曾在轨道上安放了一面镜片，镜片的反射光在夜间擦过地球，这说明目前的技术已经能够在4万米高空集中镜面反射光。据计算，聚焦的热源中心温度可达数千度，可以毁灭地球上的一切。这种武器也很有可能出现在未来的战争中。

三是闪电武器。下一次世界灾难降临的时候，可能看不到蘑菇云，只听见一声遥远的啪嚓声，开始以为是闪电，随即电脑连同里边的所有数据都会被烤焦，世界仿佛倒退到200年前。这并非耸人听闻，新一代闪电武器爆炸后的世界就会是这副模样。这种武器在目标上方爆炸后，会辐射出高强度的电磁脉冲，能够使半径数十千米内的飞机、雷达、电子计算机、电视机、电话、手机等几乎所有的电子设备无法正常工作，甚至造成难以修复的物理损伤。

（3）云雾武器

一是云雾炮弹。这种炮弹又叫

燃料空气炸药炮弹，通常使用环氧乙烷、氧化丙烯等液体炸药，将其装填在炮弹内，通过火箭炮或迫击炮发射到目标上空。第一代云雾炮弹属于子母型，即在母炮弹内装3枚子炮弹。每枚子炮弹装填数十千克燃料空气炸药，并配有引信、雷管和伸展式探针传感器等。当母炮弹发射到目标上空后，经过1～10秒钟的时间，引信引爆母炮弹，释放出挂有阻力伞的子炮弹，并缓缓地接近目标，在探针传感器的作用下，子炮弹在目标上空预定的高度进行第一次起爆，将液体炸药撒出。液体炸药在空中扩散并迅速与空气混合，形成直径约15米、高约2.4米的云雾，将附近的地面覆盖住。经过0.1秒的时间，炮弹进行第二次引爆，使云雾发生大爆炸。目前，云雾炮弹已经发展到第三代，其性能又有较

大的提高，使用的范围也扩大了。

二是人工消云、消雾武器。人工消云、消雾是指采用加热、加冷或

播撒催化剂等方法，消除作战空域中的浓雾，以提高和改善空气中的能见度，保证己方目视观察、飞机起飞、着陆和舰艇航行等作战行动的安全。在第二次世界大战中，英军曾使用一种称为"斐多"的加热消雾装置，成功地保障了2500架次飞机在大雾中安全着陆。1968年，美军为保障空军飞机安全着陆，曾使用过人工消雾武器。

三是人工造雾。人工造雾，就是通过施放大量的造雾剂，人为地制造漫天大雾，用以隐蔽自己的行动，或给敌人的行动造成困难和障碍。例如，美军曾经在伏尔加河沿岸地区人工制造了5千米长的雾层掩护渡河。德国也曾用人工造雾的方式掩护其军事目标，以免遭到盟军的轰炸。

（4）人造环境武器

一是人工海幕武器。人工海幕武器主要是运用人工方法制造出一种能保护舰船和军事设施保护幕，使敌舰船、飞机以及舰载雷达等侦察系统失去效能，如同受到强烈的电子干扰一样，无法发现目标，达到神出鬼没、隐蔽出击的目的。

二是人造洪暴武器。用人工降水的方法增加敌对国或敌活动地区的降水量，形成大雨、暴雨，以影响敌人的作战行动，使敌人的作战物资受潮变质，影响其战场使用，甚至造成洪水泛滥，伤人毁物，冲垮道路桥梁，使敌人交通中断，补给困难，机动受限。这是在战争中使用较为普通的一种气象武器。1967年3月20日～1972年7月5日，美军在东南亚地区大规模地使用了人造洪暴，共动用飞机2602架，撒布了47409个碘化铅和碘化银装置。共耗资2160万美元，造成以上地区雨水失调，雨量较常年增加30%，给对方的军事行动造成了巨大的困难。

三是化学雨武器。化学雨武器是从早先的气象武器演变过来的一种新型武器，在海战中的作战效能尤为明显。它主要由碘化银、干冰、食盐等能使体内形成水滴，造成连续降雨的化学物质和能够造成人员伤亡或使武器装备加速老化的化学物质组成。该武器分为两大类，一类是永久性的，一类是暂时性的。永久性的化学雨武器主要用于隐形飞机或其他无人飞行器运载，偷偷飞临敌国上空撒布，使敌军武器加速腐蚀，进而丧失作战能力；而暂时性的化学雨武器主要是使敌部队瞬间丧失抗击能力，它由高腐蚀性、高毒性、高酸性物质组成等。

四是海啸风暴武器。1965年夏天，美国在比基尼岛上进行的核试验激发了军事科学家们研制海啸武器的浓厚兴趣。那次核爆炸，在距爆炸中心500米的海域突然掀起60米高的海浪，海浪在离开爆炸中心1500米之后，高度仍在15米以上。这一试验表明，未来研制海啸武器运用于海战，将会起到不可估量的作用。当时，美军核试验科学家认为，一旦这种武器步入战场，将能冲垮敌海岸设施和使其舰毁人亡。

五是巨浪武器。对于军舰和海洋设施以及登陆作战来说，风浪是一种不可小视的重要因素，巨大的风浪常常导致舰毁人亡，军事设施毁坏。因此，利用风浪和海洋内部聚

海啸
——愤怒的海洋

合能使大洋表层和深层产生海洋潜潮，从而造成敌海军舰艇、水下潜艇，以及其他军事设施的倾颠和人员死亡。军事科学家认为，巨浪武器还可用于封锁海岸，达到扼制敌军舰出海进攻之目的。不过，到目前为止，真正引起巨浪的方法尚没问世，只是引发了一些小浪级的浪涛，这也算得上是巨浪武器运用成功的前兆。

六是人造干旱。通过控制上游的天气，给下游的敌对国和敌配置地区制造长时间的干旱，以削弱敌人的战斗力，破坏敌人的生存环境。据曾经担任过美国国防部国际研究和技术协会的专家劳维尔·彭特透露，美国中央情报局和五角大楼曾于1970年对古巴实施了代号为"蓝色尼罗河"的气象战演习并取得了良好的效果。美军对古巴"上游"的云层播撒碘化银，使带雨云层在到达古巴之前先把雨降落下来，造成了古巴反常的干旱天气，严重影响了古巴境内的农作物生长，使糖类作物的生产没有完成预定的指标。这一事例说明，人造干旱这种气象武器已经具备了实战运用的基本技术。

七是人工引导台风。向台风云区投放碘化银发烟弹或其他化学催化剂，使台风改变路径并将台风根据需要引向敌对国，以毁伤敌对国人员和军事设施。据说美国在1962年、1969年、1974年多次使用以上方法对台风进行过有效控制。

八是人造臭氧空洞。利用化学或物理的方法，消除大气层中某个大范围内的臭氧分子，在大气臭氧层中形成"紫外窗口"，让太阳的紫外线直接杀伤敌对国的人员和生物。因为臭氧起着吸收大部分太阳紫外线的作用，臭氧空洞加大了紫外线对局部地面的照射强度，轻者可使人员皮肤灼伤，重者则有致命危险。

（5）气象防护武器

一是气象伪装，是指运用气象武器制造雾、雪、雨天气，用以隐蔽己方的作战行动和战场重要目标的

海啸
——愤怒的海洋

一种作战形式。由于雾、雪、雨等天气能够有效地降低对方可见光、红外、照相等侦察器材的探测效果，利用这些人造天气可以有效隐蔽己方的作战行动，使对方难以探测到目标的真实位置和行动去向，降低对方的火力打击效果。气象伪装运用灵便，效果明显，作战速度快，是运用气象武器作战的一种最常见形式。

二是气象清障，是指运用气象武器消除雾、雪、雨、风等天气障碍，为己方作战行动提供气象保障的一种作战形式。它通过采用各种

战术技术手段，把不利天气转化为有利天气，在较短的时间内为己方的作战行动创造一个良好的战场天气。

三是气象侵袭。气象侵袭是指运用气象武器破坏对方作战地区内的战场环境，给对方造成行动或生存上的种种困难，从而削弱对方的作战能力，限制对方的行动自由的一种作战形式。

四是气象干扰。气象干扰是指运用气象武器制造恶劣和特殊的天气，用以干扰对方的作战行动和武器装备正常运转的一种作战形式。

当利用气象武器将恶劣天气强加给对方时，就会对对方的心理、生理、作战行动产生全面的大的干扰作用。当运用气象武器给对方制造某种特殊天气时，还可能使对方的某些武器装备无法正常工作。例如，在越南战场上，美军曾经研究使用了一种化学药品对云层进行特殊处理，使云层产生酸雨，当北越用来引导地空导弹的雷达设备淋此酸雨后，就无法进行正常运转。

（6）吸氧武器

人类生存需要氧气。一些动力机械的启动和运行也离不开氧气。氧气一旦从自然界某一局部空间消失，其情景是惨烈的。基于这一点，军事科学家设想，制造一种能吸收局部空间的氧气，进而使人员死亡和一些需要氧气的机械停止转

动的武器。它用于海上战场，将会造成人员无声无息地死去，舰船莫名其妙地停止运转，飞机将沉入大海。这种武器很简单，主要是在普通弹药中掺和吸收大量氧气的化学药物，弹药发射出去，会使攻击目标附近空间产生局部暂时的缺氧，导致人员死亡与武器失控。目前，这种武器已开始走进实验室，很可能在不久的将来走入战场。吸氧武器的作用效果比任何常规爆炸物都更强劲、持久。1975年4月，美军在越南春禄地区使用炸弹型号为CLU-

55B，曾使茂密的热带丛林和农作物因缺氧而枯萎，迫使以丛林为隐蔽物的北越游击队员出逃。在打击塔利班作战中，美军又试验了一种新型的激光制导的BLU-82燃料空气弹，也称为云爆弹、气浪弹、窒息弹或吸氧武器。该型炸弹在目标区爆炸后顷刻间就会产生滚滚的燃烧雾体，立即就可将目标区内的氧气全部吸收掉，使得躲藏在隐蔽处的武装人员窒息身亡。

知识链接

海啸通常是由一系列的波浪所组成，科学上称之为"海啸波列"。穿行两个连续的波之间的时间叫作"周期"，只有几分钟；在某些特例中，也可能是1个小时。有的人不知道海啸由一系列的波浪组成，当他们处在两个波浪之间时，以为海啸波已经停止，不会再来而返回家园，结果遭遇了不幸。

美国地球物理 环境武器

（1）美军大肆研制地球物理环境武器

20世纪80年代，美军收集、整编了全球上千个机场的气象资料，并定期修正。近几年来，美军制订的未来战争的气象作战方案有：人工制造暴风雨致使敌阵地发生洪水；人工制造干旱，使战场上的敌人没有淡水饮用；人工制造飓风，使敌防御阵线变成废墟；利用激光制造雷击闪电，击落战区空中的敌机或使其无法起飞；利用微波、粒子束把电磁、热能量传送到大气中，干扰敌卫星通讯和雷达系统；利用某种方法把核爆炸的放射性物质放置在太空中，从而在常规战争中有效使用核武器等。

50年来，美军先后进行了数十个地球物理环境武器的秘密研究项目，包括制造地震的"阿耳戈斯计划"、人工控制闪电，减少云层间的放电，增加云层和地面雷场之间放电的频率的"天火计划"、在飓风周围实施人工降雨，以此来改变暴风雨方向的"暴风雨计划"等。

按美军的战略构想，到2025年美国的航空航天部队将能够在战场上

控制气象。美国军方人士称，与美军2025年战略构想相适应的相关气象控制技术，将在2025年"趋于成熟"。为加强空间作战领域的防御能力，目前美军正在研制一种地球武器——人造闪电。它在空间指定的区域设置空间雷场，用以摧毁战略飞行目标。

（2）实施高频有源极光研究计划

目前，美国试图人为制造地震、海啸、雪崩等自然灾害，利用高频无线电波对地球近地环境进行大规模试验。

阿拉斯加半岛加科纳附近，一望无际的荒原上，林立的天线直插云霄，每根天线都有十几米高，总数多达180根，占地13公顷，构成一个堪称壮观的金属方阵。这里就是直接由美国海军和空军资助的HAARP研究基地。据报道，它始建于1993年，至2002年前后建成，从2003年起正式开始用于进行高频有源极光研究计划的各种实验。

在科学家口中，这个天线阵被称作高频无线电发射器，它能够利用大功率高频波使地球电离层变热，进而设法在某些确切的地点改变电

离层的结构。据说全球一共有5处类似的装置，其中阿拉斯加这一个威力最强大。美国政府声称，它的发射功率将被设定为360万瓦（商业无线电台的发射功率通常是5万瓦）。不过，美国空军已经展开游说活动，要求将其发射功率提高到1000亿瓦。

美军最近声称，要求将高频有源极光装置的发射功率提高到1000亿瓦，这意味着人类可以利用高频有源极光技术和装置传输微波，通过把大气粒子作为透镜或聚焦设备使用，改变地球大气层的风向和聚合物，改变大气的温度和密度，最终结果就是"呼风唤雨"，改变地球气候。高频电磁波发射装置的发射功率越大，其改变气候的潜在威力就越加恐怖可怕。从事高频有源极光装置研制的科学家设想建立一个面积为65平方千米的高频电磁波发射方阵，形成一个覆盖全球的导弹防御屏障，飞经这个屏障的导弹都将一概被摧毁，从而使美国免遭洲际弹道导弹的袭击。

HAARP试验项目一旦成功，高频有源极光装置不仅可以用来干扰无

线电通讯和无线电定位系统，造成卫星、宇宙飞行器、导弹、飞机、地面雷达、指挥控制通信系统和计算机网络的瘫痪，而且能使输电网络、石油和天然气管道、隧道等设施遭到毁灭性破坏。

更有甚者，这种试验本身有可能对地球物理、地质和生物造成全球规模的、不可逆转的破坏性巨变。要知道，在HAARP研究中，近地环境本身成为大规模试验的对象。地球的大气层、离子层和磁层受到高频无线电波有针对性的强大影响，地球离子层被加热，等离子体被人为地制造出来同地球磁层相互作用。这一切，不可避免地会影响近地环境平衡状况，而且无法弥补或修复。

美国还计划在近几年内，于丹麦的格陵兰岛建立新的HAARP装置，其功率要比阿拉斯加半岛的装置高出两倍。它随时可以变成地球武器，干扰无线电通讯，使飞机、导弹、运载火箭、卫星、宇宙飞行器以及地面电子设施失效。

俄罗斯地球物理 环境武器

苏联在冷战时期，就声称在预防冰雹和人工降雨方面取得成功。20世纪60年代，苏联的地震专家就发现地下核试验能引发地震，并且还秘密研制了一种地球物理环境武器——地震武器，也称地壳构造武器，代号"水星"。它利用地下核爆炸产生的定向声波和重力波，形成巨大的辐射冲击力和摧毁力，人为地产生地震或海啸。

顾名思义，地震武器就是能够造成人工地震的武器，因而又称地壳构造武器。从理论上说，就是依靠地下核爆炸所产生的定向声波和重力波形成巨大的摧毁力，从而人为地制造地震和海啸。它不仅在破坏范围和破坏能量方面超过核武器，而且可以冲击地球的任何一个角落，比核武器更加隐蔽。

1987年11月，苏共中央和苏联部长会议通过了启动"水星"计划的决定，其研究内容包括：确定近期预报和长期预报的主要参数；研究安装在航天器上的预报装置的战术和技术资料；研究利用弱地震场对震源进行远距离作用的方法；研究利用弱地震场传送爆炸产生的地震能的可能性。研究过程中，位于巴库的阿塞拜疆科学院科学家得出了一个引起轰动的结论："核爆炸产生的地下能量可以在离震中很远的地方蓄积起来，并且能量很大。如

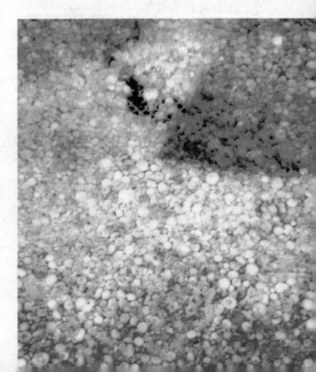

果以后再进行一次定向爆炸，就能把这些地下能量全部释放出来。"

1990年，"水星"计划进入试验阶段，由阿塞拜疆的克里莫夫教授率领一批科学家开始了首批试验工作。他们使用一个接收中心和英国生产的3个特殊的数字系统测控台，这套电子装置同安放在地下很深处的核装置构成了战略性地震武器系统的雏形。但未等科研工作结束，苏联即告解体，阿塞拜疆独立。"水星"计划就此搁浅。

但到1992年，时任俄罗斯国防部长格拉乔夫在一份秘密军事文件中命令继续进行这一研究，以便最终完成俄罗斯联邦的战略性核地壳构造计划。"水星"计划就此改名"火山"并重新启动，牵头单位变成了俄罗斯科学院地球物理研究所特别设计局。

俄罗斯还为"火山"计划在远东地区建立了3个专用试验场。

在"火山"计划下，俄罗斯科学家重新研究了已经草拟出来的战略性地震武器系统方案。1992至1993年，他们使用威力较小的地下核爆炸对战略性地震武器系统进行了几次试验，地点在代号为C36H3-0X的地区。但到90年代中后期，"火山"计划遇到致命的资金问题，进展再度受阻。

从目前得到的信息来看，俄罗斯的地震武器研制尚未臻于成熟阶段。

地球物理环境武器，即便其试验过程都可能使地球环境和人类生存受到严重威胁，这是不争的事实。如今，大规模毁灭性武器的不断积累，已经对人类文明的延续构成潜在的威胁；数百年来人类活动对环境的消极影响，已经导致自然恢复能力的实际丧失。假如说，地球文明正在接近生死存亡的边缘，这未必是夸大其词。

地球物理环境武器的研制与试验将会使地球的生态环境和人类的生存状态受到严重影响和威胁。在21世纪，大规模毁灭性武器的不断发展对人类文明和人类延续构成极大的挑战和潜在危险，对人类的生存环境监护产生极为消极的影响，如果大规模地球物理环境武器的研制与试验不受国际社会的监督，可能会引发新一轮军备竞赛，从而破坏全球的战略稳定。

见微知著，防患于未然

1. 要善于从小概率中防患于未然

亚洲东南部发生海啸的概率很小，自从1509年以来，从未发生过横扫印度洋的大海啸。这就使东南亚各国误认为印度洋不会发生威力巨大的海啸，从而忽视了海啸预警系统的建立，致使他们在2004年印度洋海啸中措手不及，损失惨重。其实，小概率不等于零概率，过去没有发生过绝对不等于将来不会发生，特别是在军事领域更是如此。

在军事领域小概率事件的发生往往极其突然，事先难以预料，而且，越是小概率事件，越让人防不胜防，后果越是严重。所以，在对大概率突发事件和作战行动加强研究和准备的同时，还必须对那些小概率突发事件和作战行动加强研究和准备，并建立健全与之相适应的预警机制，

以防患于未然。

2. 要善于从小事件中见微知著

在2004年印度洋海啸中，广为传颂着一个十岁小女孩救百人的故事。在海啸袭向泰国普吉岛的一个海滩之前，一位年仅10岁的英国女孩凭借自己在学校里所学的地理知识，及时发现了海啸爆发前露出

的一些反常征兆，于是立即让父母发出警报疏散了海滩上的游客，从而挽救了一百多人的生命。在日常生活中，突发事件爆发之前往往有一些小的征兆。如果我们能够从这些小征兆中见微知著，就能争取时间，争取主动，从容不迫地赢得胜利。由此联想到，在信息化条件下，战争行动和非战争行动呈现出许多新特点，我们平时就应该养成观察思考的习惯，培养见微知著的意识，具备娴熟的信息收集和信息处理能力，增强临机决断的本领。

3. 要善于从小差异中取长补短

在海啸预警方面，印度洋地区与太平洋地区存在许多所谓的小差异，如环太平洋地区都设有海啸预警系统，他们定期对沿海居民进行安全教育和演练，在许多海滩上设有海啸警示牌，提醒说："发现海水急速退潮，就应立即撤退，因为那可能是海啸的先兆。"而印度洋地区竟没有一个国家拥有海啸预警系统，也没有采取简单的预防措施。在军事领域，我军与外军之间、不同单位之间、不同人员之间

的差异总是客观存在的。有些差异由各自的特殊规律决定，没有先进与落后、正确与错误之分。可是，有些本不该存在的差异之间却有先进与落后、正确与错误之分，其中明显落后或错误的大差异容易被人们察觉和消除，而那些虽然落后或错误但已经习以为常的小差异则难以被察觉和消除，如旧的思维方式、思想观念和传统习惯，等等。对此，我们一定要更新观念，转变思维，善于洞察，以取他人之长补我之短。

知识链接

当海啸波接近海岸时，依赖于海底的地形，海啸波速度变慢但波高增大。常见的海啸的第一个信号是由于波槽的原因引起海面下降，海水回退；有时候，虽然在海水回退之前海面会稍有上升，但不管如何，涌进来的海啸波就像涨潮，只不过规模更大。以海平面为参照，相对于海平面的最大垂直高度称之为波涨，而海啸波达到的最大水平距离称为泛滥。

加强海洋水文研究与保障

2004年次印度洋海啸给有关国家军队人员和装备造成了严重损失。我国是海洋灾难较严重的国家，沿海经济可持续发展以及军队军事设施安全受海洋灾害影响较大。加强海洋水文研究和保障，对促进反台独军事斗争准备和军队信息化建设具有重大意义。

1. 积极参与国家有关部门组织的研究工作

军队气象水文部门积极参与国家有关部门组织的海洋灾害研究、沿海地区海气系统变化动态监测、地震预警与监测、海啸传播数值模拟、海啸预警与预测技术、海洋水文灾害对军事装备影响等研究工作，能够加强军

队抵御重大海洋灾害的能力，减少人员及装备在海洋灾害中的损失。

2004年印度洋海啸后，国家海洋局已明确将在海洋灾害应急响应预案的基础上进一步完善针对海啸的应急响应预案，上海市、天津市、海南省等部门将建设滨海地震海啸监测预警中心。军队气象水文保障部门可以通过参与国家海洋灾害预

防科研及应用工作，针对沿海军事设施规划及建设提出防灾减灾的对策及措施，最大限度减少海洋水文灾害造成的损失。还可积极参加国家海洋科技专项的论证、研究与应用工作。

2.加速海洋水文保障系统建设

我军海洋水文保障能力还很有限，尚未建立全军的海洋水文保障业务系统。今后，应重点建设三大系统：

（1）海洋水文灾害立体监测系统。由军事气象海洋环境卫星、军用遥感飞机、海上机动平台、水面及水下移动海洋水文环境监测平台等组成，对大尺度的海洋水文灾害进行立体监测。

（2）海洋水文灾害预警与预测系统。包括大浪警报、风暴潮警报、海啸预警与预测等子系统。通过建立海洋水文灾害数值预报模式，实现海洋水文灾害预报的自动化和信息化。

（3）海洋水文灾害信息发布系统。做到海洋水文灾害信息发布多渠道、无障碍、全覆盖。系统还包括与国家有关部门的信息共享机制以及突发海洋水文灾害应急响应机制，以提高警报发布的准确性和有效性。另外，在可能受海洋水文灾害影响的地区定期进行防灾减灾演习，量化对突发海洋水

警与预测需求为牵引，推动海洋水文保障系统建设，培养一支由科学家、专家和技术骨干组成的海洋水文保障队伍，为海洋水文保障系统建设持续发展提供人才保证和技术支持。

4.探索人工影响海洋环境

人工影响海洋环境是指运用现代科技手段，人为改变海洋自然环境，属于地球物理环境武器的一种。人工影响海洋环境包

文灾害的应急响应时间，以提高军队的应急响应速度，做到防患于未然。

3.加快人才培养步伐

培养和建立一支高素质的人才队伍是提高军队气象水文保障水平的重要途径。依托军队和地方的科研单位和院校，以海洋水文灾害预

括：人工制造海幕、巨浪、海啸、风暴、山洪、雪崩、高温以及人工引导台风等。人工影响海洋环境目前处于研究阶段，还没有真正能够影响海洋环境的武器问世。不过，我们应积极探索人工影响海洋环境问题，逐步掌握有关技术方法。

第四章

2004 年印度洋海啸剖析

2004 NIAN YINDUYANG HAIXIAO POUXI

海啸的 影响

➤➤➤

2004 年次印度洋海啸中的遇难者遍布世界不少国家和地区，对南亚地区乃至整个世界产生了重大影响。影响不仅体现在环境破坏、人员伤亡、经济损失等方面，各国在灾后救援与重建过程中的合作，也将对世界政治格局产生深远影响。

1.海啸的不利影响 ➤➤➤

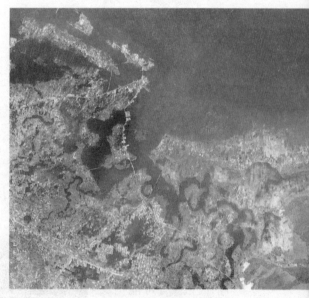

（1）对地球及其环境的影响

①对地球自身的影响

引发海啸的强震使印度洋底的一个地质板块被另一个所挤压而向下沉，地球质量向地心集中，进而导致地球自转周期缩短了3微秒，地球轴心也倾斜了大约2厘米。印度洋上部分岛屿的位置和地形也发生了改变。如苏门答腊岛和印度安达曼-尼科巴群岛可能发生了永久改变。根据地质模型，苏门答腊岛西南方的

一些小岛可能向西南方移动了大约20米，苏门答腊岛的东北端可能也向西南方移动了36米。对该群岛进行的空中调查显示，灾难过后，其中一个岛可能已经分成两半，另一个则一分为三，还有一个岛已经变形。以前隐没于水中的一大片珊瑚礁现在已经露出水面。而此次强震已经永久性地改变了亚洲版图。

②对海洋生态的影响

印度洋发生强烈地震及海啸后，当地沿岸及近海鱼群可能因海水浑浊而被迫迁徙，造成海洋生态的改变。

海啸立即影响的区域主要是近海及沿岸地区。海啸可能会把岸边的鱼类冲到岸上，同时海啸会造成海水浑浊、氧气不够充足，有些鱼类来不及逃走，或不适应环境，甚至离开栖息的海域，从而改变生态。

另外，地震及海啸也将对南亚周边国家海岸线的生态系统造成直接、严重的冲击。在地层下陷及海岸遭巨浪淘洗的影响下，南亚广大的珊瑚礁生态将失去稳固的生长基地，珊瑚礁生态有可能消失殆尽，自然生长恢复的时间也将无法估计。

③对气候和环境的影响

由于海洋生态发生变化，全球的气候乃至环境将会产生一系列的变化，给人类带来许多不利影响。

此次受灾的印度洋岛国马尔代夫就有可能面对海平面上升淹没岛屿的"灭顶之灾"。

（2）对人类的影响

①引发巨大人员伤亡

a.死亡人数可能永远无法统计清楚

虽然在部分受灾地区，遇难人数得到了仔细统计，但在很多地区，为了防止灾区出现疫情，救援人员不得不用推土机将大批遇难者的尸体掩埋入一个个集体墓穴，因此当地官员在统计时只能进行估计，或是用一个集体墓穴中的遇难者人数

作为基数，来算出多个墓穴中死者的总数。同时，由于工作环境异常混乱，死难者尸体太多，也只能按照每个墓穴400名估计集体墓穴中死者的数量。

另外，受灾国家地区范围太大，各地具体情况复杂，因此最终的遇难人员数字很可能无法得出。

b.传染病威胁灾民生命

一般大灾之后发生的瘟疫、流行病，主要跟大量的死人、水污染、饮食受污染有关。尸体的腐烂会带来严重问题。此次印度洋海啸过后，由于缺乏洁净的饮用水，腹泻、霍乱、疟疾、黑热病、登革热等传染病严重威胁灾区的500万灾民，其中至少有15万人面临死亡的危险。

洪水破坏了大量的医院，污染了水源也破坏了地下水的管道系统。成百上千的居民同住在狭小又拥挤的帐篷里，这将会加重疟疾和登革热的传染。随着时间的推移，人类的粪便也会开始污染水源。由于细菌引起的登革热病会引起人们严重的脱水和腹泻，如果没有及时治疗，几个小时就会致人死亡。

印度洋海啸受灾区最危险的是白蛉（一种吸血类昆虫，黑热病的主要传播者），它们以飞快的速度在水塘和池沼附近蔓延。海啸冲垮了许多建筑物，这些地方都成为白蛉迅速滋生的地区。一些建筑物内部出现了裂缝导致内部积水，这也使得白蛉在人群密集地滋生。由于此次海啸损失巨大，消除白蛉的工作还难以立即展开，白蛉带来的各种传染病很有可能大规模的暴发。

印度尼西亚的亚齐和斯里兰卡东海岸的灾民面临饮用水匮乏的困境，一些灾民临时安置点的腹泻病例呈上升趋势。印尼重灾区班达亚

海 啸
——愤怒的海洋

齐有两个灾民点分别出现一例霍乱病例。

②对人类心理的影响

精神病专家称，此次印度洋海啸中的幸存者，可能因为别人死亡

而自己存活下来而产生负罪感，导致严重的精神问题，甚至产生自杀倾向。一场海啸突然袭来，亲朋好友以及成百上千人在眼前丧生，由此产生了双重的心理创伤：与死者的生离死别以及没能阻止亲朋的死亡。

海啸灾难造成一种创伤性神经衰弱，可能引发自杀。面临着巨大的灾难，有6%至7%的核心人群可能会患上创伤性神经衰弱，最终导致自杀。心理学家和精神病医师在对包括普吉岛在内两个受灾最严重的省的幸存者的检查中发现有800人自杀倾向升高。

有名幸存者在普吉岛上徘徊了6天，不吃不睡，最后通过救援人员10多小时的说服，才终于回到曼谷家中。

在海啸过去了1周以后，大多数幸存者远远不能开始重建他们的生活，还处在精神上的无助和休克状态。幸存者正在经受着压力、错乱和恐惧的煎熬，他们担心可怕的海啸还会卷土重来。

③对2005年新年庆祝活动的影响

世界人民的命运始终连在一起，

就在这些受灾国家笼罩在悲伤的气氛中时，其他国家人民的新年庆祝也被蒙上了一缕黑纱。

瑞典是东南亚海啸中受打击最严重的西方国家，新年瑞典全国将降半旗为东南亚海啸遇难者致哀。奥地利政府将12月30日定为奥地利全国哀悼日。挪威元旦全国降半旗致哀。

英国将新年庆典游行改为了募捐活动。法国巴黎著名的香榭丽舍大街在元旦点缀黑纱，以悼念印度洋大地震和海啸中数以十万计的遇难者。德国政府号召国民省下今年用来买烟花爆竹的钱，把它捐赠给海啸受害者。

意大利比萨城也取消了新年庆典活动，将庆典经费捐献给了慈善和救援组织。

虽然澳大利亚各大城市依旧举办新年庆典，但全国民众在元旦当天为海啸中的遇难者默哀一分钟。

（3）对经济的影响

①经济损失相对较轻

亚太地区只有包括旅游业在内的少数行业将受到短期的不利影响，而建筑业之类的其他行业还有望得到长期好处。

全球最大的再保险商"慕尼黑再保险公司"估计，与此次海啸相关的损失总计将达140亿美元。与1995年日本神户大地震造成的1320亿美元损失相比，这个数字就相形见绌了。神户大地震造成5000人死亡，大大低于此次灾难的死亡人数。

这一差异的主要原因在于，此次海啸主要波及经济上贫穷的地区，那里的工业或基础设施甚少。

②重建商机正在产生

大多数复兴资金将用于重建，其中泰国计划斥资5.1亿美元，重建普吉岛附近的主要旅游区；印尼预计投入10亿美元重建接近震中的苏门答腊岛北部。自灾难发生以来，泰国的暹罗水泥以及炼钢企业等与建筑业相关公司的股价均已上扬。经济学家预计，今后一年对钢铁、水泥和其他建筑产品的需求将会很强劲。酒店将计划及时重新开张，以迎接2005年的旅游旺季。

虽然旅游业将承受来自海啸灾难的最大的直接冲击，但其复苏速度

可能会快于"非典"危机。新加坡航空公司表示，其业务仅受到"轻微的影响"。尽管有些人取消了前往度假胜地的航班，但前往斯里兰卡和印度的客流增加了，因为人们飞往受灾地区帮助亲属。一些旅行社表示，几乎没有迹象表明度假者已因惊吓而不敢到亚太地区旅行。

③印度洋海啸埋下现代史上最大欺诈隐患

印度洋海啸的灾难尚没有结束，人为的诈骗又接踵而来。由于官僚机构组织不力，那些利欲熏心的犯罪分子试图浑水摸鱼，利用在东南亚国家海啸中流失的护照和信用卡，实施现代史上最大的诈骗和欺诈。

在灾难过后的几个月里，要处理数以万计的人身保险和财产保险索赔。但由于很多外国受害者可能永远无法加以辨认，要完成的任务十分艰巨。

早期泰国的遇难者辨认工作组织混乱。而与此相反的是泰国的黑帮团伙却组织良好、效率极高，他们在海啸之后的混乱中，当即开始系统地抢劫旅馆和别墅。现金和便

携式的电子装置是他们作案的主要目标，而信用卡和护照则很快就在曼谷的黑市上兜售。另外，一些外国游客并未受到海啸的影响，却试图销毁他们的身份证明，以便"消失"在普吉岛上。

几个西方国家使馆已指出，海啸之后，被确认属于他们国家的公民的信用卡已被犯罪分子在泰国等国家和地区的金银首饰商店和珠宝商店使用。美国大的信用卡发行公司已被告知要密切关注在国外发生的异常花费。英国警方也在协助泰国当局保护信用卡和护照不被盗用方面发挥了重要的作用。

④对农业、渔业的影响巨大

袭击印度洋沿海地区的海啸所产生的破坏作用将延续多年，远远超出人们消除其直接损害所需的时间。

农田可能需要数年时间从水灾中完全恢复，而农民要恢复生计，还需更换死亡的牲口。许多地区的渔业已被彻底摧毁。

严重的洪水不仅会冲走长在田里的庄稼，而且也会冲走富含养分的表土和一些底土。灌溉系统也容

易受到海啸毁灭性破坏的影响。这些系统可能已被冲走，或者被冲得无法使用。大量含盐海水的涌入，可使土地遭受进一步破坏，使其不适合种植多数作物。

珊瑚礁也可能受到海啸的严重损害。海啸过后，海水一片浑浊，可能会阻止阳光照射到珊瑚礁周围的海洋生物上，而这些生物需要阳光才能生长。这些生态系统经过数百

年才得以构成，现在可能需要多年才能复苏。

（4）有关国家军队人员及装备损失情况

①印度正在扩建的战略空军基地遭摧毁

印度卡尼考巴岛是部署战斗机的理想地点，岛上空军基地设备的侦测可以有效覆盖孟加拉湾及印度洋海域。印度空军在这里部署有直升机、运输机以及一个MI-8直升机中

队，原计划2005年1月将岛上的小型基地扩建成大型战斗机中心基地，并部署两架苏-30MKI战斗机。但"12·26"印度洋海啸将该空军基地摧毁，原长2800米的跑道，只剩下1500米左右，印度空军不得不将原计划推迟。

②印度尼西亚军队受重创

印度洋海啸给驻扎在灾区的印尼军队造成了巨大损失。距亚齐省首府班达亚齐20千米的洛克那基地至

少有300名官兵在海啸中死亡，其中包括该基地的两位最高指挥官。另一座城市米拉务的印尼军队中也有350人丧生。在距班达亚齐200千米的扎朗，印尼军队的一座哨所被冲走。除此以外，还有一些武器装备在海啸中失踪。

③俄军火出口受重创，损失高达15亿美元

2005年1月7日，印尼国防部宣布放弃花费8.9亿美元采购12架俄制苏-30歼击机的合同，转而购买救灾急需的美制

"大力士"C-130军用运输机和若干直升机。泰国也极有可能改变其购置苏-30MK的意向。这样,海啸给俄罗斯军工企业造成的经济损失高达15亿美元,这严重影响了俄罗斯2005年的军火出口。

2. 海啸的积极影响

(1)积极的政治影响

没有任何事情能比得上重大的"天灾"和"人祸"对国际政治格局产生的具有本质性的影响了。

在人类历史上,国际政治格局的大变化往往发生在重大的"天灾"和"人祸"之后。"人祸"的例子非常清楚。且不说遥远的过去,上个世纪两次世界大战和本世纪初的"9·11"恐怖袭击事件都能说明这一点。每一次"人祸"都改变了各国的国际战略,导致世界权力格局的变化。而"天灾"更是这样。"天灾",尤其是涉及多国的重大"天灾",直接影响到这些国家各方面的实力。欧洲14世纪的黑死病改变了欧洲权力格局。

印度洋海啸也同样对世界的政治局势产生了巨大的影响,而这些影响大多是积极的方面,特别是对于我国来说,此次海啸的国际救援使我国的国际地位得到了更进一步的提升。

①国际较量趋于稳定和发展

这次海啸使人们发现了人类光辉的积极面。海啸一发生,整个国际社会尤其是亚太地区的国家都动员起来了,大家一起来赈灾,有钱出钱,有力出力。海啸后,受影响的所有国家甚至是整个国际社会普遍转向寻求稳定和发展。

美国利用这次机会改善了和南亚及东盟国家之间的关系。这个地区穆斯林人口占了很大一部分,他们一直对美国的反恐战争持有异议。美国借此来获取穆斯林对反恐战争的理解与支持，以便今后反恐战争的深入，但有可能制约了美国今后数年内的反恐战争。美国成功的人道主义援助提高了美国的声望，帮助美国改变了在该地区人民中的形象，拓展和强化了其在东南亚和南亚的外交，扩大了美国在该地区的政治和军事影响。

欧洲紧紧抓住了灾后救援这次机会，从其人力、物力的一系列援助来看，欧洲国家除了帮助灾民渡过难关，还提高了自己在世界、特别是在受灾地区的影响力，拓展了自身的外交空间，为欧盟进一步与受灾国家乃至整个亚洲进行更密切的

外交活动进行了良好的铺垫。

日本作为亚洲地区经济实力最强的国家，在救援活动中也有出色表现，这不但在客观上拉近了日本和东盟国家的关系，也帮助日本改善了自身的国际形象，提高了国际地位。

澳大利亚是西方对印度洋大海啸反应最快的国家。通过帮助受灾国减少损失，其赢得了良好的口碑和长远的利益。澳大利亚此番救灾的优异表现能有效修补与印尼等国的裂痕，在一定程度上改善了与印尼等国的关系。

德国的救灾表现使其在争取成为联合国安理会新的常任理事国中，占据了更加有利的竞争位置。其不

仅加大了与东南亚地区的贸易，同时强调发挥联合国和欧盟等多边组织的作用，并自觉把自己的援助纳入这些机构，有力地抗衡了美国的单边主义行为。

海啸也将会对恐怖主义组织的恐怖活动产生制约。

②海啸促进中国与东盟关系较之过度张扬的美、日等国

中国在这次赈灾中尽管积极参与，但显得温和低调。不过，中国从中赢得的国际威望并不亚于美、日等国。中国没有像这些国家那样的超逾于人道主义的具体目标，这更凸显中国的人道主义救助色彩。

海啸是个契机，是树立形象、建立新的伙伴关系的机会。中国的反应很快，因为包括受灾国在内的东盟国家对中国很重要。中国适时地担负起了一个大国应有的经济责任，对进一步促进双方紧密联系的作用很大。通过这次援助活动，亚洲各国增强了联系，加深了互信，促进了政治、经济方面的合作。中国与东盟的关系无疑会因为这次救灾合作而更进一层。

③灾难外交

2005年1月6日，东盟地震和海啸灾后问题领导人特别会议在印尼首都雅加达召开，中、美、英、日、印度等国和欧盟也都积极参加，灾难援助方面的合作已然越来越紧密，技术、政治、经济方面的合作也已拉开新序幕。

海 啸
——愤怒的海洋

亚、斯里兰卡、泰国、新加坡、马来西亚等东南亚各国旅游界人士与广东省旅游界代表在广州联手举行"东南亚安心旅游说明会"，并共同在"一起到东南亚安全旅游"倡议书上签字，各方表示将积极合作，共同推进东南亚旅游业尽快复苏。

某种意义上，当前的国际救援已成为一种"和平竞赛"，是国家综合国力和国家形象的展示。国际援助规模的不断扩大，一定程度上代表着和平发展、互助合作的时代潮流的发展。作为以"负责任大国"形象崛起于国际主流社会的中国，不会落后于其他国家。

合作建立印度洋地区海啸预警机制。海啸及其造成的巨大损失，让印度洋沿岸国家认识到了建立这一预警系统的必要性和紧迫性，包括中国、日本、澳大利亚在内的国家以及世界气象组织等国际组织都参与进来，提供资金和技术，协助尽快建立海啸预警机制，并加强信息共享、交流以及人力资源开发合作。

由于受灾地区旅游业是支柱产业，而且旅游业的恢复又需要"人气"，所以加强旅游援助绝对会对当地经济产生积极的作用。中国的特殊经济援助——"旅游援助"已处在进行时。2005年1月，印度尼西

（2）海啸给地区和平带来希望
①猛虎组织意与斯里兰卡政府和解

海啸发生不久，斯里兰卡岛上和政府对抗多年的泰米尔伊拉姆猛虎解放组织领导人普拉巴卡兰于12月29日，以个人身份向联合国和其他国际救援组织发出呼吁，请求国际

社会对遭受海啸袭击的该国泰米尔同胞伸出援助之手，并对该国同样遭受海啸袭击之苦的僧伽罗族民众表示了自己的慰问。普拉巴卡兰的此项声明向政府军伸出了橄榄枝。

②给马尔代夫带来机遇

在团结一致共同抗灾的前提下，马尔代夫总统决定撤销针对4名反对派人物的叛国指控的行为，使得马尔代夫政府与反对派的矛盾趋于缓和，可能会为马尔代夫政治改革扫清障碍。海啸化解了马尔代夫的一场政治危机，为该国政治改革带来希望。

③为亚齐与印尼政府和解创造机会

印度尼西亚苏门答腊岛北部的亚齐省市是受灾最严重的地区，但无情的海浪或许能冲散亚齐分离主义分子与政府间的敌对情绪，为苦难中的亚齐人民带来和平希望。

亚齐分离主义分子和政府在灾难发生后，所表现出的姿态再次给这一动荡地区的和解与和平带来一丝希望之光。逃亡在瑞典的亚齐分离组织"自由亚齐运动"领导人发表一份单边停火声明，表示海啸最终将使和平前景重现生机。

海啸
——愤怒的海洋

爆发原因 分析

→ ★ ★ ★

1.板块运动的能量积聚引发高强度海啸

"12·26"地震是典型的逆冲型地震，发生在印度板块与欧亚板块间边界地震带的东南段的印尼苏门答腊岛西侧，是印度洋板块向下插入南亚板块，并把南亚板块抬起的结果。

印度洋板块以每年大约6厘米的速度向亚洲板块挤压，这一运动所积聚的压力就通过地震来消解，这导致爪哇海沟一带地区成为非常活跃的地震带。具体来说，苏门答腊岛以北地区位于印度洋板块边缘，这里一个长距离的破裂带通过长时间积累积蓄了大量能量，当岩石组织不堪承受压力时，就沿断裂带突然"错动"，这些能量就集中释放出来，使地层断层的上部上移（地层逆冲），造成海底突然沉降或者隆起，形成地震，从而使海水发生上下颠簸，最终形成海啸。

里氏8.9级地震的威力相当于50亿吨的TNT炸药爆炸，在近100年的记录中，只有4次地震超过这一次。在这次地震中，产生了长达1000千米至2000千米的断层，垂直位移达10米，东侧向上抬升，将巨量海水往西排出海床，使海啸波传出几千千米。发生在浅海的大地震能使整个海底因此摇摆震动，这就像在海底划动一只巨大的浆，或者就像在搅动浴缸中的水，使一个数十亿吨的巨大水柱冲向印度洋的海岸。

2.澳新专家认为地震源头在地壳的另一端

海啸发生前2～3天在澳大利亚塔斯马尼亚附近的一次8.1级地震，以及新西兰本土及附近海域连续的4次地震，可能触动了印度洋板块。

两起地震发生在印度—澳大利亚板块的地壳两端，可以设想，在一端的地震导致了另一端的不平衡，因此引发了巨大地震。如果塔斯马

122

水文的关系已成为科学家研究的热点。

4. 兰州"天外来客"引发印度洋大地震

被誉为世界空间静电领域"奠基人"和"开拓者"的张丰高级工程师提出："兰州'天外来客'事件可能是印尼海啸自然灾难的前兆！"印度洋大地震起因是由于宇宙场空间静电变异，而静电变异"边缘"就在甘肃兰州。根据"空间静电说"理论的最新研究，由于大地震"起点和终点"都与我国相关联，张丰由此预测东、西经96°±15°区域内可能发生后续灾害。

2004年12月11日晚11时左右，在"边缘"空间静电的"变异"作用下，暗物质"变"为亮物质，所以兰州当地出现了声、光、震等现象。这种现象让兰州已经演变成为与印度洋板块相对的预警"中心"，印度洋板块也成为相对于兰

尼亚地震不发生，2004年12月26日的地震也许会发生在另一个时间。

3. 大海啸背后是全球气候危机，与气候变暖有重要关系

虽然这次海啸是由地震引起的，但可以基本肯定的是全球气候变暖对灾害的产生起了推波助澜的作用。有关专家分析认为，气候变暖引起海平面上升，使海底的压力发生改变，致使此次海啸造成的灾害更加严重。地震及地震海啸与气象

州预警"中心"的"边缘"。在宇宙场空间静电的时空混沌作用下，"中心"向印度洋板块"转移"，而印度洋板块能量不断攀升，最终引发系统行为的突变，而原来的板块"边缘"再次成为强震海啸中心。

这种回传属"空间静电回归"现象，从预警和"回归"来看，印度

洋大地震的起、终点均与我国有密切关联，这构成了空间静电的时空回归，应该引起我们的密切关注，防止出现塌陷、地震等地质灾害。同时，从全球范围来看，也应警惕东、西经96°±15°以及南、北纬36°±15°的区域内，可能会发生的后续灾患。

灾后 反思

1. 关于印度洋海啸 ▼▼▼

（1）印度洋地震有多大？

2004年12月26日，印度洋发生8.9级大地震。有科学家表示，此次地震所释放的总能量可以震动整个地球。

两个世纪以来，印度板块和缅甸板块之间的压力不断增加，它们之间的距离每年会缩短6厘米，这个速度，就如同手指甲的生长速度。

但是板块之间的移动并不是平稳地发生。此次地震是40多年来最大的地震，也是1900年以来第四个最大的地震，它把一些岛屿移动了几米。

1900年到2004年12月26日前，苏门答腊南部到安达曼岛的地区最大的地震，发生在2000年，震级达到了7.9级。另外，1797年发生8.4级地震，1861年发生8.5级地震，1833

年发生8.7级地震。

（2）海啸威力有多强？

印度洋大地震后，地壳运动使板块运动聚集巨大的能量，当这个能量超过岩石强度的时候，岩石就发生破裂，造成海底突然沉降，使得海水上下颠簸，就形成了海啸。海啸引起整个印度洋波涛澎湃，一个小时内袭击了印度尼西亚，四个小时内袭击了斯里兰卡和印度，最终一直延续到东非。

海啸从产生到引发灾难前，具有很好的隐蔽性。当它在大洋里汹涌奔腾时，并不易被察觉，它的实际高度不过几厘米左右，行驶在上面的船只根本感觉不到。但当它进入浅海岸线的时候，就一下子高达几米，破坏内陆5千米范围内的建筑物。中国国家地震局原应急救援司司长徐德诗对媒体说，海啸最大为4级，此次印尼海啸为3级。海啸是地震的次生灾害，而海啸还能引起滑坡等次生灾害。

（3）为什么第二天才确定震级？

地震最初发生时，并没有引起人们足够的重视。直到第二天，人们才知道地震的严重程度已经达到了8.9级。

这其实与地震自身有很大关系。地震的震源可以被非常迅速地找到，但是地震的震级却不容易测

算。这是因为，震源主要依靠震波到达测量站的时间进行估计，但是震级是根据震波的振幅来测量的。振幅是不断变化的，这就增加了震级的不确定性。

对于像此次8.9级震级的大地震，这一特点尤为明显。这是因为地震震级越大，震波的频率越小。这就意味着表面波虽然到达了测量站，但其能量远远小于震源处的能量。对于大地震，必须要进行几个小时的记录和测算，才能正确测出震级。因此，只有在正确估计震源几个小时后，才能正确估计出震级。在此次苏门答腊地震中，标准的方法不能够测量出低频率的能量，这就延迟到第二天，才最终测算出震级大小。

（4）余震是否还会引起灾难？

在印度洋里氏8.9级大地震发生后，最大的余震发生在其三个小时之后，达到了9.1级。截止到2004年12月30日，一共发生了85次余震，余震的程度处于较强和中等水平。

之所以发生余震，是因为印度板块、缅甸板块之间的压力还没有完全在大地震中释放出去，板块之间

需要进行调整，从而形成新的稳定的位置。

一般情况下，一次大地震，已经释放掉了这一块地壳蕴藏的很多能量，给这一条构造带提供了一定的保险。在接下来的相当一段时间（几年或更长时间），这一部分构造带不太可能再次发生太大规模的地震。一次大地震可以换来该地区几年的相对安全。

但是也没有充分的理由乐观估计。余震有可能持续一两年，一般情况下会比较小。在此次印度洋地震以前，上一次地球上发生过的9级地震，是在1964年的阿拉斯加，当地的余震持续了一年。

（5）海啸发生时人们在做什么？

在印度洋，100年来从未发生过大的海啸，此地的人们早已忽略了海啸的危险。此次海啸到达海岸线之前，受灾地区原本有1到6个小时进行准备。海啸发生时途经的海岸线较长，包括印度、斯里兰卡、孟加拉湾等一些地区，如果在这些地区哪怕只有一个早期的警报系统，并且有一种信息交流的方法通知岸边的人们，就有足够的时间发出警报。

然而这里"没有警报系统的存在是令人震惊的，而缺乏灾难意识和准备更是骇人听闻"。据报道，在很多地区，海啸来临之前，曾经出现过大面积的海水退潮，这是一种海啸前的异常现象，但没有意识的人们都跑向岸边去捡冲上岸的鱼，而没有跑向更高的地区。他们丝毫

海 啸
——愤怒的海洋

没有海啸来临的意识。而死亡人群中1/3是孩子。

此次海啸中，很多教训值得吸取。如果对于灾难发生有适当的准备或者能够有发生作用的预警系统，海啸造成的灾难本来是可以减少的。

在苏门答腊岛等地区，警报系统也许不能够发挥作用，因为海啸到达岸边异常迅猛。但在印度和斯里兰卡，至少有两个小时人们可以进行准备。此外，地震带来的巨大

晃动已经是自然界给人类的一大警报——海啸来临，人们可以迅速跑到更高的地方逃生。"一个简单的教育或者是具备对潜在灾害的意识，就足以拯救不少人的生命。"

（6）什么是灾后重建最大的困难？

灾难规模是空前的。在印度尼西亚、斯里兰卡、印度、泰国、马尔代夫、索马里有多达500万的人需紧急救助。目前，救援组织正在印度洋的受灾国进行人类历史上规模最大的人道救援行动。而最大的困难是当地缺乏干净的饮用水，数以千计在地震和海啸中幸存的人们可能会躲不过霍乱等疾病。

洪水破坏了大量的医院，污染了水源也破坏了地下水的管道系统。成百上千的居民同住在狭小又拥挤的帐篷里，这将会加重疟疾和登革热的传染。世界卫生组织警告说，疟疾和登革热是目前灾区最大的威胁。

联合国儿童基金会发言人索若亚•拜麦卓2005年1月

在日内瓦说："随着时间的推移，人类的粪便也会开始污染水源。"由于细菌引起的登革热病会引起人们严重的脱水和腹泻，如果没有及时治疗，几个小时就会致人死亡。

一般大灾之后发生的瘟疫、流行病，主要跟大量的死人、水污染、饮食受污染有关。尸体的腐烂会带来严重问题。因此，现场的消毒处理、尸体的及时掩埋很重要。由于水污染等原因而导致的问题，肠道疾病发生流行的可能性更大一些。而且由于灾区是在热带，疾病流行的可能性更大，传播速度也会更快一些。

疾病并不是目前灾区的唯一威胁。在斯里兰卡，内战时曾经留下了大量的地雷，由于海水的来临，这些地雷已经发生了位移，这可能会造成更大的伤害。

2.地震海啸警示

发生在印度洋上的地震海啸，再一次让人类领教了大自然的威力。尽管我国的海区外围有成串的岛屿、暗礁环绕，形成了一道抵抗

海啸的天然屏障，但依然要居安思危。由于我国科学界对海洋的研究相对薄弱，因此，印度洋的地震海啸是我国要加快对深海大洋进行研究的一种警示。

近年来，随着我国沿海经济建设发展，特别是海洋资源开发等海洋工程越来越多，海洋地震的波动、海底断层错动、海底变形、水下滑坡、浊流及海啸对港口、人工岛、核电站、跨海桥、采油平台、油罐、输油管线、海底电缆等都

有可能造成严重破坏，需要引起高度重视。"过去没有发生过，绝不等于将来不会发生，一定要未雨绸缪，加大对各类海洋灾害的防范力度。"

中国科学院院士汪品先指出，目前，我国深海基础研究的规模太小，范围过窄，能够在国际前沿竞争的也只有古环境一个方向，深海研究的许多其他方面还是空白。而这又与我国科研经费的使用导向有关，与我国在海洋上总的科技投入相比，花在国际竞争性、国际前沿基础研究上的比例实在太小。

3. 灾难离我们有多远 ▼▼▼

在大自然的威力面前，人类依然还很渺小；实际上，我们每一个人离灾难都没有想象中的那么遥远。

在地震发生之前，2004年12月15日，火山研究者在美国地球物理协会的一次会议上报告说，种种迹象表明，闻名于全世界的圣海伦火山马上就要爆发，并且可能引发灾难。

10天后，圣海伦火山没有爆发，

太平洋板块的另一端却发生了如此剧烈的地震。

而这次地震及其导致的海啸造成如此惨重的损失，其根本原因是：大自然的力量无可抗拒；印度尼西亚海底地震突如其来，人类对地震的来临没有任何防备。

（1）海啸可以预警，地震无法准确预报

由于地震发生前能够测量到的、

用于参考分析地震是否会发生的依据性数据太少，地震的预测问题至今基本上还没有解决。目前，我国科学家现在正在向预测的方向努力。

由于地壳的微妙变化发生在地底下，很难观测，并且地震又是小概率，目前还没有找到一种可靠的科学依据判断地震是否会发生、何时发生，现有的一些观测还停留在观察动物反应等经验判断上。

中国科学院地球物理研究所的地震学专家符力耘研究员指出，目前有人在研究模仿动物感应地磁异常变化而判断地震发生的仪器，但现在仪器的灵敏度还远远达不到动物感官的水平。另外还有科学家在做关于地震的基本理论研究，希望以后可以借此进行地震预测，但离目标还是很遥远。

尽管如此，海啸却是可以预警的。地震发生以后，我们可以很快知道震中在哪，并且可以很快测出地震规模的大小，也可以很快知道当地的破坏情况。一般来说，海里发生大地震时，只要震中不是太深，都会伴随着海啸。海啸的波浪传播的速度基本上是固定的，从震中开始，什么时候会抵达什么地方，可以预先计算得到。因此，地震发生后，相关单位就可以发出海啸警报。可惜的是，这次海啸波及而造成灾难的几个国家，自己没有建立这样的预警系统；而国际社会发出的海啸警报，却又没有引起他们足够的重视。

（2）下一个沿海大地震海啸可

海啸
——愤怒的海洋

能发生在美国西海岸

美国著名地质专家麦肯诺在对国会议员所做报告中指出，类似印度洋的海啸，绝对有可能发生在美国西岸。如果从北加州至南加拿大海底的"卡斯卡迪亚隐没带"发生强震，则加州、俄勒冈州和华盛顿都会感受到地震。研究预测，如果美国西部海底发生类似在印度洋的9级强震，将会造成西岸这几个州地面持续强烈震动4分钟，届时河流可能会逆向倒流，导致内陆地区洪水泛滥，道路、桥梁和隧道都可能会受到严重破坏。

据了解，俄勒冈州海底曾经在300年前发生大地震，造成陆地大地震，大海啸席卷陆地城镇和森林。那次地震连远在亚洲的日本都受到影响，当时在日本所掀起的海浪，把几个渔村都整个吞噬。

美国西岸海底大地震，大约每300年至1000年发生一次，由于上次奥瑞冈州海底地震发生在300年前，因此美国西岸又再度进入地震周期，随时有可能发生大规模地震和海啸。

（3）中国会一直安全吗？

这一次，由于众多岛屿的阻隔作用，中国东南沿海很幸运地没有受到地震和海啸的破坏和威胁。

但事实上，中国并不能一直保证安全。东海和黄海面对的，正是太平洋板块的西北构造带区域（包括菲律宾群岛和日本海域），中国实际上一直处于地震和海啸威胁的范围内。假如这么大的地震发生在太平洋，中国同样受灾，唯一的应对措施也就是在海啸抵达之前让沿海居民撤离逃避。

现在，日本由于处于地震多发区，沿海有防范海啸的堤坝工程。中国的东南沿海还没有建立系统的海啸防护工程。近几十年来，由于至今不明的原因，太平洋板块西北边缘，从菲律宾到日本海这一带，地质活动比往常剧烈。并且在接下来几十年，这种状况有继续保持的趋势。

（4）灾难随时可能发生

2004年8月份，英国科学家在英国皇家学会新闻发布会上曾表示："巨大的海啸、火山爆发、地震比恐怖袭击更可怕。"科技虽然发展到了现在这一步，但当巨大的自然灾难来临时，人类依然束手无策。

曾经有人设想，我们可以在巨大的地震爆发前，用核弹引发一系列小地震来释放地底酝酿的能量。但这都是纸上谈兵。自然的力量比我们大多了。对于地震，第一是我们预先不会知道，第二是即使我们预先知道

了也没有什么办法阻止它，最多只能减少一部分损失。

这次地震灾难，是在有地震记录以来的一次大灾难，但把它放在地球演化史上，甚至人类历史上，算不了什么。我们的地球从5万年前到现在，表面已经变得面目全非，其原因是：板块活动、大陆漂移、火山和地震，加上地球物理活跃（由大气环流造成）。实际上，这次地震只是地球打了一个小小的"喷

嚏"而已，我们的地球随时都可能打出一个更"响亮"的"喷嚏"。

也就是说，实际上我们每一个人离天灾都很近。

（5）更大的自然灾难来自于太空

美国已经在执行一项太空任务：监视、测算小行星的运行轨道，密切关注那些可能对地球构成威胁的小行星。如果计算出哪一颗小行星将在几十年后撞击地球，他们将设法在它抵达地球之前将它毁灭或者改变它的运行轨道。

从理论上计算，导致恐龙灭绝的小行星撞击地球的概率是5千万年一次。上次撞击到现在已经过了6千8百万年。如果不采取必要的应对措施，小行星撞击地球引起灾难是不可避免的。

更多不规则、更小而不容易被观察到的陨星无法被监视。

天灾往往如同一场急症，一小行星如果现在撞击地球，人类无可奈

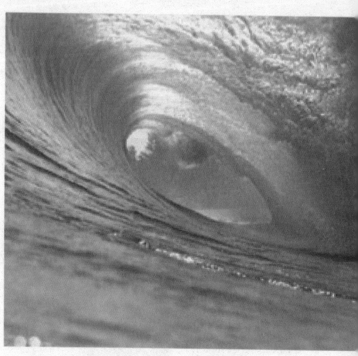

何，但它来得快，造成的灾难也很快结束；而人类自己造成的灾难——环境和生态的破坏以及因此导致的气候变化——却如同一种慢性病，我们要花很长时间去治疗，但是可以治愈的。可惜的是，我们现在很多人却讳疾忌医，不愿意对正在走向恶化的疾病进行治疗。人类正在接受双重疾病的威胁和折磨。

4.如何面对海啸

（1）人类对大自然依然无奈

印度洋海啸再一次向世界各国发出警示：人类在大自然面前依然束手无策，对地球上的每一个人而言，每天都实实在在地存在死亡的威胁，战胜自然只是失去理智的愚蠢表现。面对灾难的严峻现实，仅仅反思是远远不够的，而要以实际行动纠正人类许许多多非理性的行为，以减少大自然对人类的惩罚。

（2）停止给大自然"火上浇油"

很多自然界的灾害，其实与人类自身的不当行为有关。不少天灾之所以发生，本是大自然对人类不尊重自然的惩罚，如对自然资源的过度利用，过度消费所产生大量废气废水对大自然的侵蚀等。这些现象，说得严厉一点，是人类的自作自受，是给大自然火上浇油。

人类不应仅仅

停留在对这场海啸的反思上，而要以实际行动，改变许多行为和思维方式，停止一切对大自然的破坏。

（3）以关爱代替暴力与战争

这次海啸发生后，世界各国展开了规模空前的募捐行动，各国政府也向受灾国家提供了数目空前的资金和物资援助，出现了一幕幕人与人相互关爱的动人情景，展示了国与国之间相互支持的人间真情。面对这一切，人们真诚希望：世界能

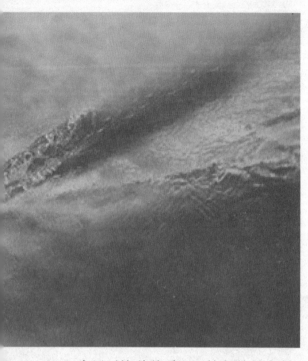

永远以这种关爱和同情代替暴力与战争！

然而，人类的美好希望往往都被人类自己所摧毁。在这个高度发达的世界上，一方面当面临自然灾难时各国纷纷伸出援助之手，另一方面当遇到利害冲突时又兵戎相见，毫不留情。

美国这次对南亚国家受灾国的援助，虽然已达数亿美元，但与在伊拉克战争中至今已花费的一千多亿美元相比，实在显得微不足道，而且死于伊战的平民和士兵也已不计其数。一方面通过援助显示人道，另一方面却发动战争夺去生命，这种自相矛盾的现象将这个世界的虚伪本质暴露无遗。

5. 我们该如何应对 ❦❦❦

（1）尽快加强海啸灾害的监测预警能力

目前，我国虽然在海岛和近岸已有海洋监测站和浮标站，但远远不足以对海啸进行有效的监测预报，特别是海啸多发地区（台湾海峡、台湾东部和南海）的海洋监测能力亟待加强。

（2）应该加大对海啸研究的投入

我国对海啸研究的投入与美国、日本等发达国家相比差距很大。国家的各种重大科技攻关项目也未将其列入。

（3）应尽快开展海啸风险预评估

制作重灾区海啸传播图是海啸防灾减灾的一项重要的基础性工作，我国在这方面还是空白，须尽快开展工作。

（4）完善海啸应急响应预案

在国务院的统一部署下，国家海洋局已经编制了我国包括海啸在内的海洋灾害应急响应预案，今后要进一步完善针对海啸的应急响应预案。

（5）进一步加强部门间协调和相互沟通

针对海啸灾害来势凶猛，往往猝不及防的特点，国家有关部门须加强协作和沟通，建立快速的信息沟通机制，共同做好海啸防灾减灾工作。

（6）加强国际合作

我国应与发达国家开展海啸预警

报技术合作研究，积极参与各国间海啸预警报合作活动，并发挥我国在国际海啸预警报系统成员单位的作用。

（7）开展海啸灾害的宣传教育和法制建设

采用一些发达国家的先进经验，采用多种方式进行海啸防灾减灾的普及宣传教育；建立与海啸防灾减灾配套的相关法律法规，减少海啸损失；参照美国、日本等国的经验，对海啸严重地区定期进行海啸防灾减灾演习。

（8）制定我国沿海地区发展规划时要考虑灾害影响

印度洋大海啸为我国的中长期规划敲响了警钟。我们要从规划上、机制上建立预警机制，虽然发生大型地震和海啸的可能性是南海大一些，而黄、东海小一些，但历史上这些地方是发生过地震的，以后也并非不可能。虽然规模可能没有印度洋地震海啸那么大，但由于

海啸
——愤怒的海洋

东南沿海是我国发展最快的地区，因此对国民经济会有较大影响。

由于地震海啸这样的灾害会对国家经济发展造成影响，因此必须予以重视。我国海边的工程设施、大型建筑都必须严格按照国家标准来建设。

我们不应只强调我国有960万平方千米的陆地面积，还应该强调我国还有300万平方千米的管辖海域，包括领海、内水、外水、专属经济区。我们还要了解地球与海洋的特点、个性以及对人类的危害及对策。

印尼强震引发的海啸发生后，国家气候中心立即组织专家对海啸的破坏程度与气候变化导致海平面上升的关系、东南亚灾区未来天气气候特点等进行了讨论，总结出三条主要结论：

一是21世纪我国的地表温度将明显升高。与1961～1990年的30年平均温度相对比，到2020年全国年平均温度将增加0.2～3.7℃，到2100年将增加到1.3～8.9℃。

二是21世纪我国沿海海平面将可能上升。到2050年，我国沿海海平面将上升约12～50厘米，大于全球平均海平面上升幅度，其中珠江三角洲、长江三角洲和环渤海湾地区等几个重要沿海经济带附近的海平面约上升50～100厘米。未来类似强震引发的海啸也极可能对我国某些沿海城市造成极其严重的影响。

三是我国社会经济的可持续发展面临严重威胁。海平面上升必将对这些地区的社会、经济产生重大影响，表现在许多沿海低洼地区将被海水淹没，现有海防设施的防御能力将大大降低，沿海地区的人居环境和经济建设将面临更大的风险；且遭受洪水危害的机会增大，遭受海啸、风暴潮影响的程度和严重性加大。

针对这次发生的特大海啸灾难，需要加强对沿海地区海气系统变化的动态监测和海气耦合模式的研发，建立相应的预测、预警系统；建立相应的法规或条例，使得在沿海城市规划（尤其是沿海旅游风景区规划）重大工程决策设计等方面，能切实充分考虑气候变化所导致的海平面上升带来的巨大潜在威胁；加强沿海及出海河流的堤防工程建设，尤其是建在海边的核电站和火电厂等的堤防工程，提高抵御灾害的能力；加强对沿海城市和重大工程设施的安全保护，提高防护标准。

知识链接

在局部范围内，由于水下的地形、波浪涌进方位、海潮水位的不同以及海啸本身有大有小，海啸的波高是多变的。直接测量海啸的波高很危险，所以一般是通过测量波涨和海啸波到达最高垂直点来完成的。

第五章

世界海啸大灾难

SHIJIE HAIXIAO
DAZAINAN

1923年日本关东海啸

1923年9月1日，日本关东8.2级大地震，东京和横滨向外伸出的大平原到处像海水一样起伏，

平地、山丘和大山都在发疯似的震动，东京最高的楼房都被摧毁，刚建不久的12层东京塔断裂，把里面所有的人都抛在街上，横滨俱乐部全都倒塌，镰仓海边150米高的巨形铜像的纪念碑从基部断裂倒塌，房屋毁坏126233间。地震引发大火，烧毁房屋447128间，地震中木屋损失率高，东京烧失面积38.3千米2，横滨烧失面积9.5平方千米。地震引起山崩，致使隧道破坏，运行火车被埋。地震又引起海啸，房总半岛和相模湾沿岸的巨浪冲到岸上，浪高12米，在它退回海中的时候，卷走了868所房屋，吞没了8000艘船舶。据统计，这次关东大地震，致使142807人死亡，103733人受伤，造成2800万美元的经济损失。

知识链接

太平洋海啸预警系统自1948年建成以来，总共发布过20次警报，其中5次确实发生了明显的太平洋海啸。尽管对这些海啸发布了警报，但是还是有61人丧生，原因是这些人没有收到海啸警报。自1968年以来，太平洋没有发生过大的海啸。

海 啸
——愤怒的海洋

1946年 阿留申群岛·海啸

1946年4月1日阿留申群岛的乌尼马克岛附近海底发生了7.3级地震，地震发生45分钟后，滔天巨浪首先袭击了阿留申群岛中的尤尼马克岛，彻底摧毁了一座架在12米高的岩石上的钢筋水泥灯塔和一座架在32米高的平台上的无线电差转塔。之后，海啸以每小时将近800千米的速度，横扫距乌尼马克岛3750千米的夏威夷的希洛湾，掀起的浪头仍高达十几米。海啸摧毁了夏威夷岛上的488栋建筑物，造成159人死亡。

1960年 智利海啸

1960年5月22日，在智利的蒙特港附近的海底发生了世界地震史上罕见的强烈地震，震级为8.9级，大地在剧烈颤抖，部分陆地在升起，海岸岩石在崩裂，海底地壳发生大规模的断裂，水平位移3～4米，垂直位移2米，地面产生较大的地裂缝，影响范围南北长约800千米。

这次极强烈地震持续了3分钟之久，蒙特港是一个设施完备、技术先进和吞吐能力较强的重要港口，在这次地震中被完全摧毁了。所有房屋设施都被震塌，许多人被埋进了瓦砾之中。距蒙特港北500千米之外的康塞普西翁城，建筑物和房屋不是震裂震歪，就是震塌，到处可见七零八落的混凝土梁柱，破坏的机器残骸，东倒西歪的电线杆和悬在空中的断木门窗。死5700人，伤者无数。

大震之后，海水忽然迅速退落，大约15分钟后，海水又骤然而涨。顿时，海啸发生了。波涛汹涌澎湃，奔腾呼啸而来。浪高8～9米，最高达25米，以摧枯拉朽之势，越过海岸，冲向田野，迅猛地袭击着智利和太平洋东岸的城市和乡村。沿岸的城镇、港口、码头的建筑物和海边的船只都被巨浪击毁，无数的人畜被海浪所吞没。太平洋沿岸以蒙特港为中心南北800千米，几乎被洗劫一空。

与此同时，海啸波又以700千米每小时的速度横扫西太平洋沿岸及

海啸
——愤怒的海洋

岛屿，仅仅14个小时，就到达了美国的夏威夷群岛。此时波高达9～10米，巨浪摧毁了夏威夷西岸的防波堤，冲倒了沿堤大量树木、电线杆、房屋和建筑物，淹没了大片土地。

不到1天的时间，海啸波走完了17000千米路程，到达了太平洋西岸的日本列岛。此时海浪仍然十分汹涌，波高达6～8米，最大波高达8.1米。临太平洋西岸的堤坝，城市、乡村中的房屋、建筑物、树木等不是被冲走，就是被毁坏。尤其是本州、北海道等地遭受海啸破坏更为严重。沿岸港湾码头、仓库、民房等建筑物被摧毁，停泊的大小船只被击沉、击翻，船上的人员被抛向大海，消失得无影无踪。更有甚者，停泊在码头上的渔轮"开运丸号"被海浪抛向空中，然后跌落在岸边的一座房屋上，致使房倒屋塌。据不完全统计，这次海啸灾难，造成日本140人死亡，冲毁房屋近4000间，击沉船只百艘。

此外，这次海啸还波及苏联的堪察加和库页岛，到达此处的海啸波高达6～7米，沿岸房屋、建筑物、船只、码头均遭到不同程度的破坏。海啸波到达菲律宾群岛附近，波高也达7～8米，沿岸城市、乡村中的房屋、建筑物以及人员都遭受到一定的损失。

1964年 阿拉斯加海啸

1964 年3月28日，美国阿拉斯加最大的城市安克雷奇发生了8.5级地震，震中位于城东130千米左右的海湾，震源深度在地下25～40千米之间，震中距安克雷奇约150千米，破坏面积13万平方千米，有感面积130万平方千米，震动持续了4分钟。

地震时地表变形规模很大，在安克雷奇以东有一块长640千米岩层裂为两半，远在夏威夷的地壳都发生永久变形。在震中320千米半径范围内的沿海区有许多裂缝。地震时建筑物遭到破坏，地面产生变形，这种破坏是由于地震断层造成的。震中区安克雷奇地震时形成4个地震断层。一般来说，位于地震断层附近的建筑破坏不可避免。但由于安克雷奇是新建城市，

大部分建筑物设计时都考虑了抗震要求，因此地震时尽管发生不同程度的损坏，却很少有倒塌现象，因而伤亡较少。阿拉斯加湾因大面积海底运动，其南岸的悬崖也滑入海中，地震引发的海啸随之而来，巨浪的高度达到了70米。150多人在这场灾难中丧生，地震和海啸给安克雷奇乃至整个阿拉斯加造成的经济损失惨重。海啸波及加拿大和美国沿岸，海浪传到南极，地震造成的地下水位变动，影响到欧洲、非洲和菲律宾。

1978年 巴布亚新几内亚海啸

1978年7月17日，西太平洋距离巴布亚新几内亚西北海岸12千米的俾斯麦海区发生了7.1级强烈地震。20分钟后发生5.3级余震。之后一切似乎又恢复了平静，住在巴布亚新几内亚西北海岸与西萨诺潟湖之间狭长地带的近万村民，浑然不知更大的灾难即将临头。一种异样的隆隆声由远而近，很多村民都以为那不过是一架喷气式飞机飞临，纷纷出来看热闹，转眼间，20千米长、10米高的巨浪就呼啸着横扫而来，绵延横亘在西萨诺潟湖与海滩之间的7个村庄顿时被淹没在海浪之中。仅仅几分钟，西太平洋这座风光迷人的度假乐园便变成了人间地狱。1万人中仅2527人生还，7000多人死亡或失踪，生还者中七成以上是成人，小孩幸免于难的极少。

1992年 尼加拉瓜海啸

1992年9月1日，尼加拉瓜发生7级地震。地震引起海啸，海湾里的海水突然下降，露出罕见的海滩，一会儿波高2米的海浪突然涌来，冲击了海滨毫无准备的休闲度假的人群，同时，在附近沿岸地段上，十几米高的浪头汹涌而至，破坏了尼加拉瓜西南200千米的太平洋沿海地区的生产和生活设施；造成268人死亡、153人失踪，800多间房屋倒塌。

海啸
——愤怒的海洋

1994年 菲律宾海啸

1994年11月15日，菲律宾北部的东民都洛省发生6.7级地震。地震引起海啸，导致至少33人死亡，70人受伤。追溯过去，菲律宾曾发生过多次地震海啸，如1918年棉兰老8.5级地震引起的海啸，致50人死亡；1925年6.8级地震引起的海啸致428人死亡，造成严重的经济损失；1976年8月16日的莫罗湾7.9级地震引起海啸，造成8000人死亡和重大的财产损失；1983年6.5级地震引起的海啸致16人死亡，造成严重的经济损失。

知识链接

如果你在海滩上感到发生了地震，或者你发现海水突然迅速退落，那么你就要考虑是否马上要发生海啸，应该立即跑向高处。如果发出了海啸警报，你千万不要再去打电话核实，也不要再跑到海边低洼处去看看海浪的变化。

2004年 苏门答腊海啸

2004 年12月26日，苏门答腊西南海域发生的8.7级地震（据我国台网测定），是自1960年智利8.9级地震（据美国台网测定）后的40多年来最大的一次地震。若发生在陆上城市附近，其所造成的破坏和灾难将不亚于甚至超过1976年我国的唐山地震。由于发生在海中，地震对陆地造成的破坏和人畜伤亡有限，但由此引发的海啸产生的灾害，致使印度洋周边国家，如斯里兰卡、印度尼西亚、印度、马尔代夫、泰国、马来西亚以及东非等国家，遭受30万以上的人员死亡，沿海城乡设施造成毁灭性的破坏。

这次大地震的同震效应导致地球自转轴摆动，地球自转加速，日长缩短。曾有一些研究者根据地球超长周期振动的数据及地震破裂带附近观测到的地形变化推算，认为此次地震实际释放的能量可能还远远大于以上数字，其震级有可能达到9.2级或9.3级。地震发生以后，海啸波以约750千米每小时的速度向四周传播，20分钟以后袭击了此次海啸灾害最严重的印尼苏门答腊岛北达亚齐地区，2小时后开始袭击印度洋北部沿岸泰国、马来西亚、缅甸、孟加拉、印度、斯里兰卡等国，4小时后袭击了印度洋中因全球变暖而濒临沉没的岛国马尔代夫，7小时后到达东非印度洋沿岸各国，对塞舌尔群岛、马达加斯加、毛里求斯、肯尼亚、索马里、坦桑尼亚等国均造成破坏，并有人员伤亡。此次海啸在28小时后到达美国大西洋及太平洋沿岸，30多小时后到达南美西海岸，最终完成了它的全球

海啸
——愤怒的海洋

旅行。据统计，地震引发的大海啸造成305276人死亡，被此次海啸夺走生命的人数超过了有史以来历次大海啸灾难中死亡人数的总和。

下面分述地震海啸给有关国家和地区带来的灾难：

（1）印度尼西亚

这次在苏门答腊西南海域班达亚齐发生的8.7级地震和接踵而来的特大海啸，给这一带海滨造成了毁灭性的灾难。尤其是亚齐省首府班达亚齐各大建筑物几乎都有损毁，平常热闹的大街全是碎瓦和玻璃碎渣。大半座城市已经成为废墟，整个城市的格局模糊难辨。在成堆的建筑垃圾和木头中，即使是从小在这里长大的司机，也经常"迷路"。

海滩以内数公里，幸存的建筑只有一座清真寺。它的底层已经被海啸涤荡一空，残破不堪，柱子也发生了扭曲，但整体结构完好。它是海滩内仅剩的，与尊严和生命有关的建筑。或许是由于比较坚固，据当地人说，在海边能够留下被称之为建筑物的，只有大大小小的清真寺。

（2）斯里兰卡

这次百年不遇的海啸影响了包括首都科隆坡在内的斯里兰卡全岛，沿海许多地区淹没在海水中。其中，以东部的亭可马里、拜蒂克洛、安帕拉和南部的马塔勒、加勒地区受灾最为严重。据报道，在海啸高峰时，高达10米的海浪冲向内陆，部分地区海水侵入陆地，将近一些重灾区不仅人员伤亡和物资损失惨重，而且电力、交通、供水和通信也一度中断。在斯里兰卡西南部著名古城加勒，整个市区变成一片汪洋，海水淹没了大批房屋、公共汽车，一列火车的若干节车厢也被冲散，大地震产生的海啸巨浪袭向斯里兰卡，惊慌失措的乘客跑到公共汽车的车顶上避难。在斯里兰卡南部小镇卢纳瓦，当地居民走过一条被海啸袭击过的铁路线，看到一片狼藉。已证实有超过4.1万人死亡，多数是儿童和老人，78万人沦为难民。

（3）印度

海啸冲击整个印度南部，安达曼和尼科巴群岛被海水淹没，安达曼和尼科巴群岛中央直辖区有3000人死亡，另有3万多人连同5个村庄在海啸过后消失无踪。他

150

们当中大多数是渔业工作人员。很多渔夫无论在家或出海都失踪了。较严重的损伤是在泰米尔纳德邦，首府马德拉斯损失最为惨重：至少有100名当地居民死亡，数千居民逃离滨海居民区。他们来不及开走的车被惊天狂浪抛掷起来，停泊在岸边码头的渔船、快艇被推上岸，滔天的海水直接灌进市中心的大小楼房，首府楼、警察局还有距离首府约60千米的卡尔帕卡姆核电站都泡在了水里，造成了首府城北全部断电。官方说伤亡者，大部分是妇女和儿童。正在参加各种各样的水上活动的大人和小孩及在沙滩上做晨早散步的人都被水冲走。报道说，在金奈那儿甚至没有能为直升机提供降落的地方，马里纳海滩大部分地区因为海啸而被水浸满。

（4）泰国

强烈地震波及泰国，安达曼海沿线的泰国南部布吉、甲比、攀牙、董里等地不仅震感强烈，而且遭到海啸袭击，10米高的海浪不断地冲击着岸边，人们争相向高处逃命。滨海地区，约有上百座房屋遭到不同程度的破坏，一些酒店的低层房间进水。由于海浪很高，数百名外国游客被困在旅游船披披岛上。其中布吉受灾最为严重。布吉岛的临海街道上一片狼藉，一些被海水冲坏的汽车、摩托车、游船和零售亭零乱地散落在道路上，一些树木也被海水连根拔起，横卧在道路两旁。

海啸
——愤怒的海洋

2010年 智利海啸

2010年3月27日，在智利康塞普西翁发生8.8级地震，随后发生多次6.0级余震和海啸。地震引发的海啸袭击太平洋沿岸，对南美太平洋沿岸国家，如美国加州、夏威夷，澳大利亚，日本等地产生一定影响。

据目击者称，位于震中北部200英里处的圣地亚哥部分居民涌上街头，互相拥抱、哭喊。当地楼房持续摇晃了10至30秒，死亡人数已经达到800人。历史上，震中200公里范围内多次发生地震，其中1939年的8.3级地震造成2.8万人死亡。此次地震震中西南400公里，1960年曾发生8.9级地震，造成智利2万人死亡，并在

太平洋西岸掀起海啸，给日本和菲律宾的东部沿海地区造成了严重损害。由于此次地震产生的越洋海啸较弱，加之有琉球海峡和宽广的东海大陆架"保护"，此次海啸对于包括上海在内的我国沿海地区影响并不大，大陆沿岸浪高不超过10厘米。